设施农业与轻简高效系列丛书 >>>

U0239137

草莓轻简高效栽培

（彩图版）

邹国元　左　强　孙焱鑫 等　编著

中国农业出版社

北 京

　　这是"设施农业与轻简高效系列丛书"的第二本书，我们给它命名为《草莓轻简高效栽培（彩图版）》。之所以要及早出版，是因为草莓的种植效益较好，关注和喜欢草莓的人较多，而我们手上正好有来自生产一线的资料，有相对成熟的出版条件。当然，我们可总结的内容还有不少，后期会慢慢梳理。

　　这个系列丛书的由来，其实是一个关于设施农业的故事。本系列图书有一个明确的主题——轻简高效。设施农业发展到现在，虽然产量上去了，但由于用工难及成本高的问题，设施农业经营者的种植效益却并没有得到大幅度提升。因此，设施农业种植园和种植户都对于轻简高效的设备、材料和技术有着非常强烈的需求。为解决这一问题，设施农业栽培领域的研究人员、技术人员、生产和管理人员，经常讨论如何实现设施农业轻简高效栽培，说理论、说实践、说管理，从不同的角度讨论设施农业轻简高效生产。迄今，积累的材料越来越丰富，越来越专业，越来越接地气。编者觉得，有必要将生产一线的智慧和经验分类整理出来并出版，以惠及更多的人。本书中的每一篇文章独立成文，可方便读者随时翻开阅读，读者可选取感兴趣的标题进行阅读。如果书中的某一知识点和技术点抓住了产业发展当中的痛点并能对读者有所启示，那么我们出版这本书的目的就达到了。实际上，读者读完全书之后会发现，本书涉及设施草莓生产中的温室设计与构建、装备与材料选择、环境参数控制、技术要求与管理等各个方面，涵盖整个草莓生产栽培技术体系。生产实践中的内容很多，我们不能面面俱到，只能择其要点来整理。本书呈现的，不仅包括理论与技术参数，也包括图表，能够让读者更直观地去了解并掌握草莓栽培生产中的理论知识要点和操作注意事项。

我们的作者都是来自生产一线的工作者，有专家、企业家、农场主和市场经营者，都是务实的工作者。所以读者看到本书，可能感觉本书的风格与市面上见到过的有所不同，但它非常实用，当然有些内容还有待商榷。

关于设施草莓的讨论最为热烈，积累的资料也最多，所以就值得好好总结，让大家看到设施农业生产的实际需求、实用技术、现实反馈和真实想法。编者的初心也非常简单，就是希望通过传播技术，为农民、技术人员和专家服务。

说到这里，基本把本书的来龙去脉说得差不多了，希望读者能够喜欢，我们也一定会不忘初心，继续努力。由于时间仓促，水平所限，书中疏漏或不当之处在所难免，望广大读者多提宝贵意见。

最后，要真诚地感谢北京市农业农村局、北京市农林科学院长期对我们科研工作的支持，使我们能够在草莓轻简高效栽培方面做些实际的工作。

编著者

2019年6月

CONTENTS 目 录

第一章  CHAPTER1

草莓种植设施及光温管理

第一节　国内外草莓种植设施介绍

世界草莓生产以设施栽培为主，露地栽培为辅。设施能起到保温、保湿、遮雨、隔离病虫害和鸟害等作用。国外栽培设施主要有：连栋智能温室、单栋温室、单栋拱棚、遮雨棚等；我国的栽培设施主要包括：节能日光温室、连栋温室、连栋拱棚、单栋拱棚等。

一、国外草莓种植设施简介

世界草莓主产国除中国外，还有美国、西班牙、土耳其、俄罗斯、韩国、日本、墨西哥、波兰等。种植模式除以美国为代表的露地生产外，还有以西班牙为代表的简易设施生产和以日本为代表的连栋、单栋设施加温生产方式。

1.西班牙草莓种植设施简介

笔者走访过的西班牙南部的维尔瓦省（Provincia de Huelva），位于安达卢西亚自治区的西部，与葡萄牙相邻。维尔瓦的气候介于亚热带和温带之间，属于海洋性气候，这种气候冬暖夏凉，冬夏季节温差很小。该地区草莓生产以简易遮雨设施为主，配套水肥一体化系统，生产规模较大，配套加工冷藏的设施完善，设备自动化程度高，可分拣草莓、蓝莓、树莓等一系列水果。

种植设施的高度约3米，结构非常简单，棚间钢桩为机器打入地下，拱架插接到桩上，覆膜后绳索绷紧即可，不存在棚间空地，土地利用率高。棚口、棚间空隙均覆盖防鸟网。

垄为搭棚前起垄机起好，起垄、覆地膜、铺滴灌带一体完成。垄高35厘米、宽50厘米，垄沟宽40厘米。定植株距20厘米。高架采用椰糠条为栽培基质，高度1米。设施结构、外景、内景、起垄、支撑模式、水肥控制、采摘和分拣等关键环节见图1-1～图1-14。

图1-1　种植基地全貌

图1-2　种植基地设施结构

图1-3　种植设施内部

图1-4　棚内情况

图1-5　高架支撑模式

图1-6　高架种植情况

图1-7　水肥一体化控制系统

图1-8　配肥装置

图1-9　草莓采摘推车

图1-10　起垄机

图1-11　采摘后的草莓

图1-12　分拣流水线

图1-13　分拣后的草莓

图1-14　分拣工厂

通过对西班牙维尔瓦地区草莓生产设施的介绍，可以看出该地区设施的特点是：生产规模大，适合进行机械化操作；采用大型水肥一体化系统进行施肥灌溉管理；草莓分拣流水线一机多用，劳动效率高。

2. 日本草莓栽培设施

笔者考察了日本的草莓主产区静冈县挂川市和茨城县。静冈县的年平均气温为17.5℃，年降水量为3 391.5毫米。除北部山区以外，属于温和的海洋性气候。在平原地区冬天很少下雪，属于四季分明的地区。栽培设施为连栋或单栋拱棚，冬季加温，春季降温。种植方式以高架栽培基质槽为主，少量起垄地栽。劳动力年龄偏大，种植面积逐年萎缩。栽培架高度约1.05米，栽培基质为草炭，基质已经连续使用5年以上。吊架栽培为2017年新建的设施，可显著增加栽培密度，提高产量。缺点是密度加大以后容易发生病虫害。单栋拱棚跨度6米，高3.5米，采用双膜结构。栽培模式、风机、CO_2气肥及采摘等环节见图1-15～图1-23。

图1-15　日本草莓1月长势

图1-16　高架栽培

图1-17 高架栽培结果

图1-18 吊架栽培

图1-19 CO_2发生器

图1-20　轴流风机

图1-21　通CO_2的管道

图1-22　单栋拱棚栽培模式

图1-23　草莓采摘筐

通过对日本草莓栽培设施的介绍，可以看出日本草莓栽培的规模较小，管理比较精细；设施装备齐全，如水肥一体化系统、CO_2发生器、加温设备、硫黄熏蒸器等；草莓采摘分级严格，产出效益较高。

二、国内草莓种植设施简介

我国从南到北均有草莓栽培，笔者依据这些年的调研数据汇总，通过不同栽培设施的应用情况，将我国草莓栽培区分为3个部分。

（1）北方地区　北方地区包括东北、西北、陕西北部、山西中北部、河北大部分，该地区需采用带后墙温室，后墙由土墙或砖墙、稻草及其他保温材料构成。

（2）过渡带　过渡带包括陕西中南部、山西南部、河南大部分、安徽北部、江苏北部、山东大部分，该地区宜采用带简易后墙的温室，后墙材料为草帘、玉米秸秆捆等。

（3）**南方地区**　南方地区包括四川大部分、重庆、安徽中南部、江苏中南部及其以南地区，该地区宜采用拱棚栽培，且长江流域需加二膜或三膜。

（一）北方地区设施

选取辽宁、河北、山西等省份为例介绍我国北方地区草莓设施。

1. 辽宁东港地区

辽宁东港地区近些年草莓产业发展迅速。新建温室（图1-24）高度5～8米，跨度10～15米，棚内立柱2～3排，温室高跨比大，采光角度好，保温性能较好。采用全钢架模式，后墙后坡一体采用当地的稻草编织的草帘。

图1-24　辽宁东港草莓温室

后墙槽式种植（图1-25）是利用后墙温度高、光照条件好的优势，有效利用棚内空间，可使产量增加1/3以上。

图1-25　辽宁东港后墙栽培

2. 河北昌黎地区

（1）促成栽培温室　温室跨度6～8米，高度3米，中间有3排水泥柱支撑，前抵为竹片结构，后墙为水泥柱支撑加秸秆捆和草帘保温。支撑水泥柱之间采用木杆为横档，上面用砖块作为吊柱，可节省立柱数量，节约成本，同时提高机械操作方便程度。原为种植桃树的温室，已经使用10年以上。

水泥柱木结构温室（图1-26）和悬梁吊柱竹木结构温室（图1-27）类似，后墙用草帘和秸秆保温，在昌黎地区温室面积中占比最大。

图1-26　河北昌黎水泥柱木结构温室

图1-27　河北昌黎悬梁吊柱竹木结构温室

水泥柱钢架温室（图1-28）跨度8米，高度3.3米，4排水泥柱支撑，拱架为$\Phi25$毫米（6分）钢管，在拱架强度和遮光程度上比竹木结构温室有所改善。

全钢架温室（图1-29）为近两年新建的温室，跨度8～10米，高度3.5米，全钢架拼装结构，1排立柱支撑，采光角度较好，棚内操作简便，利于机械化操作，但目前采用较少。

（2）半促成栽培棚　该棚（图1-30）

图1-28　昌黎地区水泥柱钢架温室

跨度4米，高度1.0～1.2米，为竹木结构，采用草帘保温，北侧有矮后墙，后墙草帘可打开通风（图1-31）。种植品种为达赛莱克特，每年3月开始上市（图1-32）。

图1-29 昌黎地区全钢架温室

图1-30 半促成棚前视图

图1-31 半促成棚后墙风口打开

图1-32 半促成棚内部

3. 山西地区

（1）土墙结构温室 该温室的后墙为5～6米厚土墙，采用水泥柱加固，脊高4～5米，为钢管和竹竿混合拱架，每隔3米有1道Φ45毫米（1.5寸）的钢管拱架，中间为6条竹竿拱架，横向用30道以上钢丝加固，且与拱架捆扎形成琴弦式结构，内有2排水泥立柱加固（图1-33）。该类型温室在山西省面积最大。

（2）下挖式土墙温室　该温室跨度7～8米，高度3.2米，墙体为4～5米厚土墙，下挖0.5～0.8米，拱架为Φ32毫米（1寸）钢管（图1-34）。该类型温室在5～10年前的发展面积较大，多用于蔬菜生产。降雨量大或者地势低洼的地区不能盲目发展这种温室，易发生雨水倒灌和泡塌墙体的情况。

图1-33　太原地区土墙结构温室

图1-34　下挖式土墙温室

（3）砖墙温室　该温室墙体为50～70厘米厚的砖墙，拱架为Φ32毫米（1寸）钢管，高3.5米，跨度为8米（图1-35）。建设该类型温室的投资较大。

（4）焊接钢架温室　该类型温室为笔者在参考各地温室的基础上，依据山西省气候特点设计的一款适合草莓栽培的温室。脊高5米，跨度12米，后墙后坡一体采用草帘和棉被保温（图1-36）。

（5）组装式钢架温室　该类型温室为笔者在焊接钢架温室的基础上

图1-35　砖墙温室

改进的，将焊接式的拱架设计为螺接和插接的镀锌管件，加快了施工速度，降

图1-36 焊接钢架温室

低了施工风险，防锈且美观。卷帘机改为棚顶后卷式，加装了北京紫蜂公司的自动风口机，加装了喷雾装置、轴流风机、硫黄熏蒸器等设备（图1-37）。

图1-37 组装式钢架温室

（二）过渡带设施

过渡带设施类型较多，有拱棚、简易温室（图1-38）、连栋温室（图1-39）等类型。2017年冬季大雪将江苏北部、安徽北部地区很多连栋温室压垮（图1-40）。拱棚保温性能差，易遭受冷空气危害，通常采用覆盖塑料膜的方式预防冷害（图1-41）。

过渡区域如果采取促成栽培模式，建议采用全钢架简易温室栽培，高3米，跨度10米，后坡后墙一体草帘保温，覆盖低成本棉被或草帘，中间加1～2排活动立柱抗风雪。

图1-39 连栋温室加装小拱棚防冷害

图1-38 简易温室栽培

图1-40 江苏北部地区连栋温室由于大雪倒塌

图1-41 拱棚生产覆盖塑料膜防冷害

（三）南方地区设施

南方夏秋反季节栽培又称抑制栽培或延迟栽培，主要采用塑料小拱棚方式，棚内有起垄栽培（图1-42）和高架栽培（图1-43）。栽培技术要点主

图1-42 南方设施草莓起垄栽培

图1-43 南方设施草莓高架栽培

要有品种选择、培育壮苗、适期定植和施足基肥。拱棚高3米，宽6.5米，每棚5～6垄，垄高35厘米、宽40厘米。

三、结语

通过调研国内外设施草莓生产现状发现：西班牙的草莓生产具有规模化、机械化、水肥一体化和自动化的特点，日本的草莓生产具有规模小、精细化和标准化的特点。我国以地理气候带划分的北部、过渡带和南部栽培区域生产设施与生产模式各有不同。北方地区的设施涵盖土墙/砖墙＋木柱/水泥柱/钢架的多种组合，生产条件好的地区采用砖墙＋钢架的组合，也有部分地区采用半促成棚和简易大棚；过渡带内的设施类型较多；南方地区栽培草莓主要为夏秋季节采用塑料小拱棚。笔者针对三个栽培区域草莓栽培设施进行了简单介绍，希望能为各地因地制宜开展管理提供参考。

（李志强）

第二节　北京草莓专用温室的设计与建设

近年来，我国草莓种植业迅速发展，种植面积已跃升至世界首位。温室条件下的草莓种植也得到了快速的发展。那么在北京地区使用的草莓种植温室，哪种温室结构的取材更方便、更易施工、更经济实用呢？

在北京地区，目前草莓的冬季生产种植一般都是传统的砖砌后墙日光温室，冬季可以实现不加温生产。后墙类型有24厘米（厚度，下同）砖墙+10厘米聚苯保温板+24厘米砖墙、37厘米砖墙+10厘米聚苯保温板+12厘米砖墙等。

温室后墙建造中，虽然相同规格材料以不同排列方式组成的复合材料的传热系数是一样的，但是在日光温室建造时，内墙宜采用比热容大的材料，外墙宜采用隔热性能好的材料。如此，温室的蓄热能力相对较大，抵御恶劣天气的能力较强，在一定程度上能够提高温室夜间的温度。

一、适合北京冬季种植草莓的新型温室

传统的砖砌后墙日光温室的造价较高，投入负担较大。那么，结合草莓自身喜温凉气候的特点，有没有一种温室，在造价较低的前提下也能够满足北京地区草莓种植的基本要求呢？下面笔者给大家介绍几种造价较低且适合北京地区冬季种植草莓的新型温室。

1. 新型土墙日光温室

新型土墙日光温室（图1-44～图1-46），顶部放风口设置在北侧土墙的上部，坡度较大，避免了传统日光温室顶部放风口容易积水的问题。

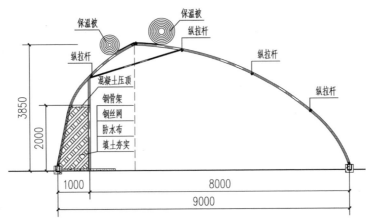

图1-44　新型土墙日光温室剖面（毫米）

图1-45　新型土墙日光温室内部

图1-46　新型土墙日光温室北立面图

该温室利用钢骨架、钢丝网、防水布做成后墙的框架，中间填土作为温室后墙的保温层，完全不用砖砌，造价比传统的日光温室低，保温蓄热性能比砖墙好，北侧土墙厚度一般为1米，可根据各地需求来调整。同时，该温室比山东传统的土后墙日光温室占地少，土地利用率高，并且也更结实耐用。

2. 玻璃棉后墙日光温室

玻璃棉后墙日光温室（图1-47、图1-48）全部采用钢骨架支撑，北侧墙体（利用双层10厘米厚的容重为16千克/米^{3}的玻璃棉防水保温被错缝安装覆盖）的造价较低，故在温室设计建造时，可不用过多地去考虑温室后墙高度对温室造价的影响。因此，就可以采用更加合理的前屋面采光角，

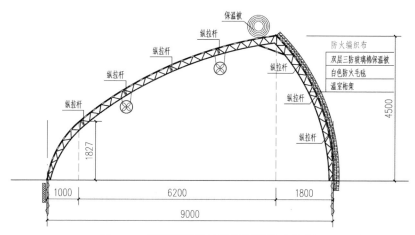

图1-47 玻璃棉后墙日光温室剖面（毫米）

提升玻璃棉后墙日光温室的透光率，提高温室内部温度。目前，该类型日光温室在北京地区已经经过实验，可满足草莓的冬季种植要求。

图1-48 玻璃棉后墙日光温室内部

3.新型双层膜温室

新型双层膜温室（图1-49～图1-51）是一种造价低、运行费用低，适合大规模生产的连栋温室。

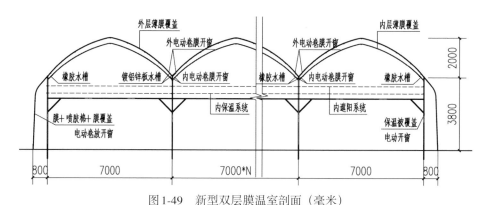

图1-49 新型双层膜温室剖面（毫米）

实际生产应用中，它基本放弃了温室四周立面的采光，四周采用双层或三层的薄膜+棉被作为覆盖材料，保温性能较好。顶部由两层薄膜+一层

图1-50　新型双层膜温室外观　　　　图1-51　新型双层膜温室内部

内保温被组成，内保温被由200D牛津布＋一层珍珠棉（位于上部，主要起防水及承接温室上部露水的作用）＋一层300克/米²的喷胶棉（位于中部）＋一层无纺布（位于下部，具有吸水性，防止露水产生）组成，保温性能可媲美日光温室外保温被。

其次，新型保温被传动为伞绳传动形式（图1-52），采用专用驱被卡，保温被由温室两侧同时向中间收拢，最终重叠一部分，极大地增加了温室的密封性。因此其保温效果要比传统连栋温室好很多，也是更适合我国国情的内保温形式。

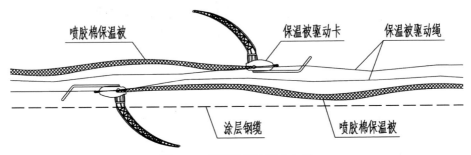

图1-52　新型保温被传动大样

新型双层膜温室的钢骨架基本不需要进入加工厂加工，多数构件可从钢材厂直接发货至项目地，经过简单处理后即可开始安装。温室的施工工期和造价都有较大程度的降低，比较适合规模化生产。

二、日光温室前屋面设计

以上内容主要为新型日光温室，下面来说温室前屋面的设计，在前屋面的设计（图1-53）中，我们首次提出前主屋面角的概念。

传统的日光温室的前屋面角并不能完全反映出温室的实际采光或透光

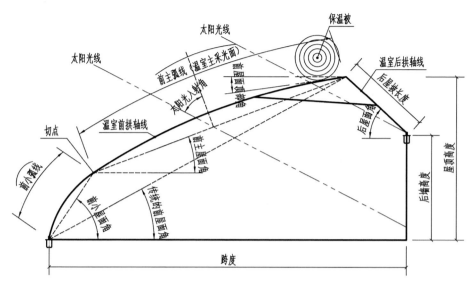

图1-53 日光温室前屋面轴线剖视

情况。所以，我们在日光温室的设计中引入了前小屋面角和前主屋面角的概念，它们对应的就是前小弧线和前主弧线（温室主采光面），这几个名词可以在图1-53中找到对应的位置。

前小弧线需保证在温室前端1米宽左右的距离，高度在1.5～1.8米。这样的好处有：①方便种植人员操作；②保证温室的有效面积（保证温室前端的植株有生长空间）。

前主弧线即日光温室的主采光面，日光温室80%以上的采光都是通过这个面进入日光温室。我们需要在兼顾造价的前提下最大限度地提高日光温室主采光面的透光率，以提高日光温室冬季的温度，进而提高种植的产量和品质。

因为日光温室的覆盖材料多为塑料薄膜，当光线入射角由0°增大到40°时，对薄膜的透光率影响不大，光量的反射损失率只有几个百分点；当入射角在40°～60°内变化时，透光率随入射角增大呈显著下降趋势；当入射角大于60°时，透光率呈急剧下降趋势。所以40°或50°的入射角是影响覆盖材料透光率大小的临界点。在兼顾温室造价的前提下，需要保证冬至日10～14时的前主弧线太阳最大入射角小于50°，以提高冬季日光温室阳光的入射率。

同时，日光温室前主弧线顶角（前主弧线顶点处与水平线夹角）要尽可能地做大，避免出现温室顶部积水现象。

为解决现有日光温室顶放风口的积水问题，可采用在顶放风口处增加固定钢丝网或者是在固定防虫网下面间距20厘米布置幕线的方式。固定钢丝网的方式防兜水效果好，但是造价高、施工难度大；防虫网下布置幕线的方式造价低，施工方便（但是防虫网必须用卡槽卡紧），基本能够满足使用要求。

三、结语

本节介绍了几种新型的适合北京地区草莓种植的温室。当然，草莓的种植还需要许多其他的设备，如通风、灌溉、补光设备等。但是在众多的生产影响因素中，人的管理是极为重要的，人才是温室种植的核心。我们只有不断地去发现问题、思考问题、解决问题，才能够逐步地使草莓种植温室越来越低碳、节能、环保。

（刘继凯、李培军）

第三节　草莓栽培用膜的选择

农用棚膜在设施草莓栽培中起关键作用，本节主要介绍几种常用的功能性农用棚膜的特点及作用，应用于不同地域草莓生产中的选择侧重点及未来的发展趋势。

一、功能性棚膜介绍

1. PE普通膜

PE普通膜即聚乙烯薄膜，主要是由乙烯和高级 α 烯烃共聚合生成。这种材料属于高分子聚合物，具有极强的疏水性，其表面张力是 3.1×10^{-4} 牛，水的表面张力是 7.2×10^{-4} 牛，当棚内外出现温差时，膜的内表面就会出现水滴现象（图1-54、图1-55）。在薄膜中添加流滴剂，会使得薄膜表面张力上升，形成水膜，水蒸气被水膜吸收后沿着膜流下，形成无滴状态，称为"流滴"。其缺点是雾度值偏高，影响透光性能。流滴膜产生无滴状态时，极容易产生雾气。

不同环境下的流滴膜和有滴膜的光线透过率有所不同（图1-56）。在干燥环境中，有滴膜和流滴膜的光线透过率差距极小，在湿润环境中，有滴膜和流滴膜的光线透过率差距极大。加入流滴剂，增加薄膜表面临界湿润

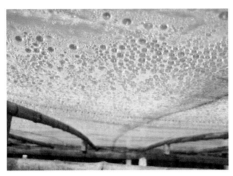

图1-54　普通PE膜的水滴状况

图1-55　有滴膜透光差棚温低

张力，接触角随之减小。光线穿过水滴时会发生许多折射和反射，这取决于接触角（图1-57）。

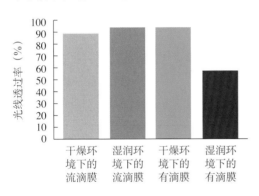

图1-56　不同环境下流滴膜和有滴膜的光线透过率

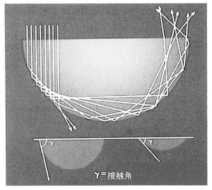

图1-57　光线穿过水滴时的影响

有滴农膜对果菜类农作物的影响非常大，主要在于水滴会影响作物开花授粉；易携带病菌，易造成作物叶、茎、花、果的病害；易引起光照不足进而影响农作物生长。如果存在光长期减少10%的情况，对农作物收成的影响很大，如春季番茄会因此减产10%～15%，秋季番茄减产4%～13%，春季黄瓜减产7%～12%，秋季黄瓜减产4%～8%。流滴膜和有滴膜在同等条件下的对比情况见图1-58，在湿度较大的

图1-58　湿润环境下的流滴对比情况

环境中，有滴薄膜表面产生了水滴，当薄膜中加入流滴剂后，水滴便消失了。

2.PE多功能膜

PE多功能膜基本性能与其他功能膜性能对比：透明性一般；拉伸强度较好；耐撕裂性较好；使用期1年；流滴期3～4个月；减雾效果不稳定，主要取决于棚内湿度和温度的控制状况。

3.EVA功能膜

EVA乙烯－醋酸乙烯共聚物是有极性的高分子聚合物。醋酸乙烯（VA）含量越高，膜的弹性、柔软性、相溶性、透明性也越高；当VA含量减少的时候，膜的性能接近于聚乙烯（PE）。醋酸乙烯含量在5%以下的EVA材料，其主要产品是薄膜、电线电缆、LDPE改性剂、胶黏剂等；醋酸乙烯含量在5%～10%的EVA产品为弹性薄膜等。

EVA功能膜具有良好的透光性，红外光透过率大，增温快、露点高，消雾快、辅助功能强，消雾效果显著。在气候寒冷、外界极限温度低的时候，EVA膜的远红外光阻隔能力较强，可以做到增温速度快，且保温效果好，特别是在北方的冬季，日照时间短，日光入射角度低，EVA膜能提供比较多的光通量和直射光，可保证植物生长的需要。EVA功能膜耐候性好，被广泛应用于甜瓜、油桃、草莓、番茄和黄瓜等作物的冬季种植。

几种功能农膜的性能见表1-1。

表1-1 多功能农膜性能对比

类型	推荐星级					
	消雾性	流滴性	耐候性	机械性	透明性	保温性
PE单防			★★★★	★★★	★★★	★☆
PE双防		★★	★★★★	★★★	★★	★★★
PE三防	★☆	★★	★★★★	★★★★	★★☆	★★★
半EVA	★★★	★★★	★★★★	★★★★	★★★☆	★★★☆
全EVA	★★★★	★★★★	★★★★	★★★☆	★★★★	★★★★
PO	★★★★★	★★★★★	★★★★★	★★★★★	★★★★★	★★★

注：☆=1/2★。PE单防：聚乙烯单防老化薄膜；PE双防：聚乙烯防老化、流滴薄膜；PE三防：聚乙烯防老化流滴、减雾薄膜；半EVA：乙烯－醋酸乙烯共聚物高透光、高保温、防老化、流滴、防雾薄膜；全EVA：乙烯－醋酸乙烯共聚物高透光、高保温、防老化、流滴、消雾薄膜；PO：聚烯烃类多功能薄膜。

不同品种薄膜有不同的雾度值，图1-59从左到右的3张雾度不同的图分别是：①高透光的EVA膜；②具有一定雾度的PE膜；③带有白色颜料的反射膜。它们的雾度情况用眼睛是可以辨别的。

图1-59　不同品种薄膜雾度对比情况

透光率是指透过材料的光通量与入射材料的光通量的百分比（图1-60），透明度表示的是透过一个薄膜看一个物体时的失真度。

$$透光率 = \frac{透过光通量}{入射光通量} \times 100\%$$

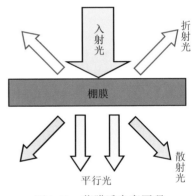

图1-60　薄膜透光率原理

二、流滴剂与流滴效果控制

流滴性能的相容性原理为：

$H_2O + OIL$（油）　　→不相容

$H_2O + OH^-$　　　　→相容

OIL（油）$+ OH^-$　　→相容

利用这样的原理将疏水性质（亲油性）改为喜水性质（亲水性），把水的表面张力从7.3×10^{-4}牛降到$1.5 \times 10^{-4} \sim 2 \times 10^{-4}$牛。表面活性剂（图1-61）作用于不能相互融合的物质之间的接触面，具有改变表面性质的作用。

图1-61　表面活性剂的结构

亲水基的主要成分是丙三醇、聚丙三醇、山梨聚糖、二乙醇胺等羟基（−OH），亲油基的主要成分是脂肪酸、烷基（−CH$_2$−或−CH$_3$）。而且，添加的流滴剂会存在于薄膜表面的水分里，使凝缩水的表面张力降低，形成水膜（图1-62）。

流滴薄膜表面的状态如图1-63所示，通过使用流滴剂，水膜表面被碳氢流滴剂（表面活性剂）紧密覆盖，它们的亲油基朝外，空气中细小雾滴不能进入到水膜中，在空气中徘徊，这就是普通流滴薄膜产生雾气的原因。雾气产生的时间多是早晨开棚之后，因为开棚之后的薄膜表面温度急剧下降，使棚内的温度开始降低，当温度降到露点以下时，空气中的水分高于饱和状态后就开始产生雾气，但这取决于棚内的相对湿度，只有流滴膜才能产生雾气。

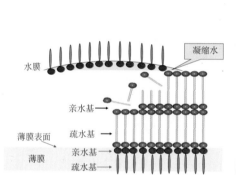

图1-62　流滴剂附着排列在薄膜表面的模式

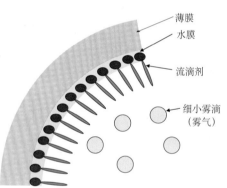

图1-63　流滴薄膜表面的状态

三、雾气的产生原理与消雾技术

早晨开棚之后，地表受到阳光的照射后变热，水分开始蒸发，此时薄膜表面和暖棚内温度受冷空气冲击开始下降，水蒸气超过饱和量时产生雾气。而傍晚时外面气温降低，暖棚内温度也下降，温度低于凝点从而产生雾气（图1-64）。

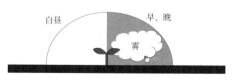

图1-64　雾气产生的原理

使用防雾剂会使水膜表面的表面活性剂分子的间隔增大、表面张力降低，水膜易于向下方流动。EVA膜增温快、保温效果好，强化了消雾效果。水膜流淌下来时，水膜上表面活性剂的排列顺序被打乱，形成新的凝聚组合，空气中的细小雾滴被消雾剂引入到水膜中（图1-65），这就是消雾剂的工作原理。雾气对作物的影响较大，它会影响光照度，影响作物叶面呼吸、作物授粉和坐果，是病菌传播的主要途径，会增加草莓种植管理的难度和工作量，增加运行成本并引起经济损失。

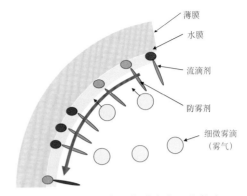

图1-65　流滴消雾薄膜内表面的状态

　　防止雾气产生的方法有：①控制棚内湿度。棚内应铺设地膜和膜下浇水设备，采用微滴灌设施，经常开放风口通风换气。②控制温度。特定条件下采用加温和自控装置。③使用具有消雾功能的农膜。尤其是增温快保温效果好的全EVA消雾薄膜、增温好保温效果良的半EVA防雾薄膜、增温良保温效果差的PE三防减雾薄膜。流滴棚膜产生雾气的程度等级见图1-66。

图1-66　流滴棚膜产生雾气程度等级

消雾膜的实际应用效果非常明显，图1-67是具有消雾功能的EVA多功能棚膜，图1-68是不具有消雾功能的PE双防棚膜，2003年3月23日上午9:30拍摄于北京市顺义区沿河乡特菜基地。

图1-67　EVA消雾膜　　　　　　　　图1-68　PE双防膜

四、薄膜的保温技术

不同薄膜的远红外光相对透过率不同。远红外光透过率高的薄膜保温效果差，远红外光透过率低的薄膜保温效果好。特别是7 000～14 000纳米的曲线以下所覆盖的面积越小，对远红外光的阻隔能力越强（图1-69）。所以说，薄膜的保温性能取决于它对远红外光的阻隔能力。

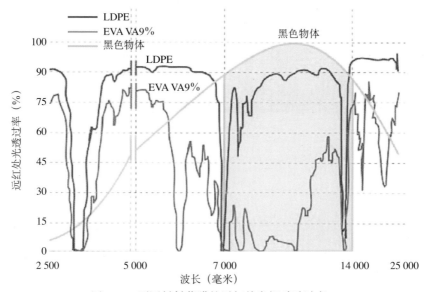

图1-69　不同材料薄膜的远红外光相对透过率

在白天，透明度差的薄膜雾度值高（图1-70），有较多表面折射和反射，阻挡了红外线的透过，降低了棚内的升温速度；透明度好的薄膜雾度值较小（图1-71），表面直射光透过率高，那么红外线透过率也高，所以棚内升温速度快。通过对比分析发现，透明度好的薄膜使用效果明显优于透明度差的薄膜。除了升温性能以外，还要看薄膜的保温性能，也就是看薄膜的远红外光阻隔能力，这种阻隔能力取决于保温材料的类型和数量，既阻挡可见光和红外光进入，还要阻挡远红外光的泄露。

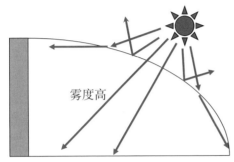

图1-70 透明度差、远红外光阻隔能力差的薄膜

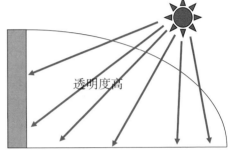

图1-71 透明度好、远红外光阻隔能力强的薄膜

在夜晚没有保温被的情况下，阻隔远红外光能力强的薄膜的棚温高于阻隔远红外光能力弱的薄膜的棚温（图1-72、图1-73）。

图1-72 阻隔远红外光能力强的棚膜（无保温被）

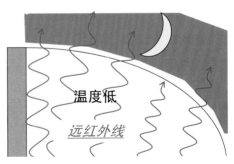

图1-73 阻隔远红外光能力弱的棚膜（无保温被）

在夜晚有保温被的情况下，保温被发挥了主导作用，阻隔远红外光能力强的薄膜的棚温约等于阻隔远红外光能力弱的薄膜的棚温（图1-74、图1-75）。

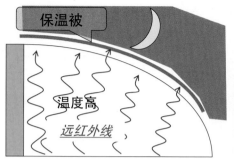

图1-74 阻隔远红外光能力强的棚膜（有 图1-75 阻隔远红外光能力弱的棚膜（有
　　　 保温被）　　　　　　　　　　　　　 保温被）

五、草莓栽培用膜推荐

1.草莓栽培需求

冬季栽培草莓的需求量最高，获益也最高。一般是从10月开始定植，至翌年5月结束。夏季草莓有四季草莓种植和育秧栽培。用膜有冬季种植用和夏季育秧用之分，北方都是温室暖棚越冬，南方都用冷棚、连栋温室越冬。

2、北方冬季草莓栽培用膜推荐

冬季草莓栽培需要高透光、增温快、保温效果好、使用寿命较长、流滴、消雾时间长的薄膜。建议使用全EVA消雾膜，它具有高透光、高保温、增温快的特点，使用期12个月，流滴消雾5～6个月，比较适合草莓冬季栽培。半EVA防雾膜勉强可以使用，PE三防普通薄膜的透过率不够，保温效果差，流滴时间短（3～4个月），消雾效果不稳定，不建议使用。灌浆膜保温效果差，也不建议使用。PO膜可以考虑，但国内PO膜发展起步较晚，质量不稳定，配套技术不到位，日本PO膜质量一流，但价位非常高。

3.北方夏季草莓栽培用膜推荐

四季草莓栽培从4月底开始，到11月结束，栽培初期和末期低温寡照，需要增温保温；5—9月高温、高湿、高日照，又需要降温、减少日照量。草莓育秧栽培从4月初开始，到9月结束，培养条件主要是高温、高日照，建议使用PE双防膜。由于棚内外温差非常小，所以不需要用有减雾或防雾功能的薄膜。5月可使用大棚降温剂涂抹棚顶部或者使用遮阳网调整光照和温度，注意放风以控制温度。

4.南方冬季草莓栽培用膜推荐

长江流域及其以南地区，冬春梅雨季节时间较长，低温寡照霜冻频繁。建议外膜使用PO类产品，特别是连栋温室用膜，PO膜具有高透光（玻璃化效果）、高强度（抗风能力）、超长寿（3～5年使用寿命）以及和寿命同步的流滴消雾期等特点。建议使用高透光的流滴二膜或三膜，以控制棚内湿度、减少病害。

连栋温室的二膜使用情况见图1-76。二膜用于夜间保温，白天打开以保证光照充足，棚温升得快；晚上盖苫，保温效果好，0.03毫米厚度的高透光流滴二膜能够增加保温效果。二膜可以将大棚分为3个温度区域：一是棚外温度区域，这一区域温度相对比较低；二是一膜和二膜之间的温度区域，一膜的低温使水蒸气变成水膜沿着棚膜流下，二膜接住水，降低棚内湿度（图1-77），可有效减少草莓病害发生；三是二膜至地面的温度区域，这一段温度最高，湿度最低。

图1-76　连栋温室二膜应用情况

图1-77　二膜兜住水滴落情况

连栋温室的三膜使用情况见图1-78。三膜具有高透光、长寿流滴功能，始终用苫盖着，保证棚内温度，控制棚内湿度。

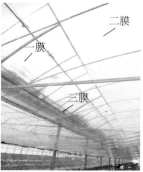

图1-78　三膜的应用效果

六、对多功能PO膜的展望

我国的PO膜发展起步较晚，主要是模仿日本，很多类型还未被开发出来，PO膜一共有2个类型，即PE类和EVA类，大多数企业在PE类PO膜产品上激烈竞争，打价格战，造成产品质量稳定性较差及价格波动，EVA类PO膜产品刚刚开始起步。PO膜是一个综合性极强的产品，又是一个专业性极强的产品。其综合性表现在平整度好、无皱褶、防尘好、高透光、高拉伸强度、抗撕裂、抗冲击、增温快、保温效果好、3～5年长寿使用期、3～5年流滴时间、3～5年消雾期等；其专业性表现在PO膜在综合性表现俱佳的状态下，还可以增加对光的选择和控制，以符合不同地区、气候和作物的需求。

PO膜无论是内添加型还是外涂布型，五层共挤都是未来的发展方向，七层共挤技术也在研发之中。多层有色PO膜是未来的一个发展方向，漫散射PO膜还在研发中，紫外线调控技术应用也是一个发展方向，转光技术也将走向成熟。PO膜是极具发展潜力的设施覆盖材料。

七、结语

草莓栽培用膜主要考虑薄膜的流滴性能、消雾性能、透光性能、保温性能、抗风能力、使用寿命等系统功能，在物理机械性能方面要求薄膜具有拉力好、抗撕裂、抗穿刺、抗冲击等特性，最后还需要良好的防尘性能和较长的使用寿命，综合提升各项性能指标是未来的发展趋势。

（金洪波）

第二章 | CHAPTER2

草莓生产中的水、肥、药智能控制设备

第一节　设施草莓智能环境控制设备

温室设施农业作为技术密集、知识密集和资金密集的农业分支产业，多年来，在我国农业种植领域，特别是果蔬种植领域取得了长足的发展。草莓以其外形美观、口感佳的优势深受市场欢迎，已经成为我国温室种植水果中的佼佼者，在我国的温室种植面积呈逐年递增的趋势。这种情况同时也加剧了市场竞争，如何更高效精准地种植出品质佳、产量高的草莓，已经成为能否在市场竞争中获得竞争优势的关键。近年来，互联网和物联网技术的发展，为温室草莓种植管理效能的提升、质量与产量的优化提供了前所未有的机遇。本节将介绍一种依托物联网、边缘计算、窄带物联网（NB-IOT）、云计算、移动互联网、AI人工智能技术的温室草莓专用温控设备，通过它的使用可以有效节省日常人工，提升草莓的产量和质量。

一、温湿度调控对设施草莓生产的意义

草莓是多年生草本植物，栽培上为取得高产，一般每年种植一茬。每年的8—9月定植，翌年的5月上市，在设施栽培条件下，草莓上市时间可提前至元旦、春节，鲜果销售期可持续半年之久。销售季节正值冬春季节，各类新鲜水果少，销售价格高，能取得可观的种植效益。

设施内的温度、湿度可利用手机实现24小时自动监控，分时段调控棚室温度和风口大小，上午晨风、下午保温。用手机App软件可轻松查看、调整、设置棚内温度。停电、断网的实时警报提醒及高低温的应急接管模式，真正实现可无人值守的功能，棚户可无忧外出。轻松查看历史温湿度曲线，科学合理进行风口管控。细节的考虑和环境的精准控制有助于保障作物绿色高效生产。

设施草莓种植各时期的气温控制对坐果率、果形、产量、口感有很大影响。温度管理要以既能抑制休眠，又不影响花芽分化为目的。定植后立即将棚内温度提高到30℃；10月底白天控制在20～30℃，夜间降至12℃；现蕾期白天25～28℃，夜间保持10℃；果实增大到采摘期，白天不高于25℃，夜间保持3～5℃。现蕾期草莓对空气温度要求很高，昼夜温度变化大，对风口放风的要求是非常高的。这一时期温度的控制，将对坐果率产生非常大的影响。传统的人工放风很难做到这样的精准度。如果温室内配置自动化智能化的温控设备，将为草莓各个时期的生长提供相对适宜稳定的温度环境，草莓的产量、口感、果形将会得到极大提升。

二、棚室环境智能控制

在草莓棚室空气环境自动化实现精细调控与管理这个课题中，空气温湿度管控是极为重要的一个因素。如何更好地实现风口智能控制管理，是能否生产出果形美观、口感好、产量高的草莓的关键。

物联网智能控制在此就发挥了巨大的作用，引入风口智能控制设备，摆脱传统的人工看风口的模式，科学控温，极大地节省了人力，并提高了棚内温度控制的精准度，提高了棚室作物的品质和产量。下面以神农棚博士智能温室环境控制方案为例进行介绍。

1.神农棚博士智能棚室环境控制

神农棚博士智能棚室环境控制系统利用计算机技术、物联网技术、音视频技术、5G NB-IOT技术以及专家智慧，可实时远程获取棚室内部的空气温湿度、远程控制棚室风口等设备，使草莓处于最佳生长状态，为作物高产、优质、高效、生态、安全生产创造条件。同时，该系统还可以通过手机、计算机、遥控器等信息终端向用户推送实时监测信息、预警信息和进行远程控制，实现棚室的集约化、网络化远程管理，充分发挥物联网技术在设施农业生产中的作用（图2-1）。

（1）实现棚室内各种环境参数的实时数据采集与监控　通过各种智能传感器的安装可以实现棚室内空气温度、空气湿度、光照度、空气二氧化碳浓度、土壤温度、土壤湿度数据的实时数据采集，并通过智能硬件将这些数据实时上报至云端，用户可以通过手机或电脑进行实时监控。

（2）对棚室环境进行自动科学控制　通过智能放风机器人、植物生长补光灯、水肥一体化设备的安装，并结合农业种植专家为各种作物不同生

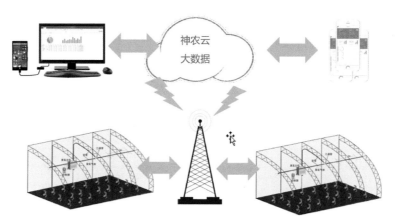

图2-1 神农棚博士智慧农业物联网技术架构示意

长阶段量身定制的控制策略，实现对不同作物所需水、气、光、肥环境的智能化自动化调节，为作物提供其最适宜的生长环境。

（3）设置环境参数实时报警阈值 对于各种环境参数结合不同作物的不同生长周期，系统会提供各种环境参数的报警阈值：空气的最低、最高温度，空气的最高、最低湿度，土壤的最高、最低温度，土壤的最高、最低湿度，棚内光照度的最低、最高值。系统在这些参数超限的情况下，通过网络向用户的手机、电脑进行实时报警，以提醒用户及时进行相应的处理。

（4）设备健康监测及故障报警 系统对于各种设备（含机械设备及电子设备）提供实时的健康状况监测服务，当监测到某些设备发生故障时，会及时向用户手机和电脑发送报警通知，以提醒用户及时排除故障。

（5）提供历史数据的分析与预测 系统内的神农智慧农业云平台会收集汇总棚室内所有环境参数的数据并永久存储。通过云平台的智能分析与预测功能，为农业专家、政府主管部门提供历史数据分析与图表展示，为农业专家提供更为精确的数据，以指导农户种植。

（6）集中管理 用户可以通过一部手机或一台电脑，随时随地集中管理棚室内的各项环境指标。无论用户身处何地，只要其手机可以上网就可以一键操控实现多个棚室的集中管理。

（7）专家知识直达农户 系统内对于各种环境参数的控制指标，是农业专家根据不同作物、不同生长阶段设定的最优控制指标。对于缺乏种植经验的农户可以不再操心各种环境控制指标，系统将专家的种植知识直接固化成计算机程序和算法，为用户提供最优的种植指标并以AI人工智能算法进行智能控制，以提高农户的科学种植水平。

2.神农棚博士智能温控机器人

（1）介绍　神农棚博士智能温控机器人设备（图2-2）是一个专业的智能化的风口管控设备，其在空气温湿度传感器、神农边缘计算设备、神农云大数据平台及种植专家知识的共同协作下，自动化、智能化地完成棚室风口的管控工作。该机器人的引入除了大幅度降低农户日常管理成本外，同时可以增产提质，增产可达20%以上；主要由智能减速一体机、人工智能温控系统、远程通信模块、空气温湿度传感器等构成。

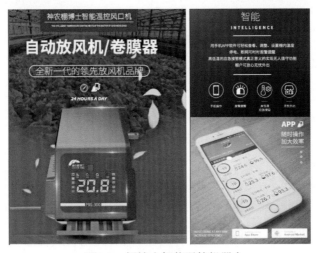

图2-2　棚博士智能温控机器人

智能温控机器人采用220伏高可靠、大扭矩减速电机，其减速比达1 300∶1。额定输出扭矩500～1 000牛·米。智能减速电机采用全金属打造，全轴承式设计，采用精密轴承，保证精度与质量，经久耐用，纯铝质密封式外壳，外观精美小巧，有高性价比。该设备采用一体化全封闭式设计，即插即用，至少延长两年设备使用寿命；外形美观，安装方便，可直接装在安装支架上，无须多余连接线以及电源线，提高设备可靠性（图2-3）。

智能机器人采用高端精密工业设计理念，严格参照欧洲电子技术

图2-3　智能减速一体机

标准化制定的防护标准，防水、防尘可达到IP67级别防护。针对草莓温室内高湿、高盐环境可以有效保护体内电子器件，大幅减缓电子器件老化速度，延长设备使用寿命。对于需要室外使用的场景也能应对自如，无须额外防护（图2-4）。

图2-4　淋水30分钟实测

无论冬暖式棚室上风口、下风口，拱棚顶风口、侧风口、内风口、外风口皆可安装智能机器人（图2-5、图2-6）。

图2-5　钢架拱棚安装示意图

图2-6　钢架日光温室安装示意图

（2）控温效果　神农棚博士智能温控机器人由于采用了大量智能技术，可以达到非常高的控温精准度，可以将温室内气温控制在设定温度的±1℃范围内。举个例子：图2-7和图2-8是神农棚博士用户在此时间段内设置所需温度为28℃，随着外界温度的变化调节开风口大小，将温度通过开关风口方式，最大限度地控制在28℃左右，同时实现开关风口的频率减少。

（3）特点

①作物知识库，给用户提供参考。如标注番茄在发芽期、幼苗期、生长期、开花期和结果期适宜的温度，同时应用于自动控制策略中。

②报警设置，超过所设置的温度会接收到报警信息，并在行程范围内

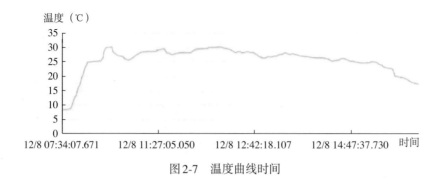

图2-7　温度曲线时间

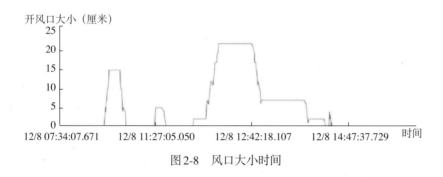

图2-8　风口大小时间

进行自动打开风口或者关闭风口等操作，避免造成不必要的损失。

③通过联网方式，插电设备就可以实现远程遥控功能，方便偏远的农村棚内使用。

④考虑到温室的环境，放风机自身全部做成防水一体机，可增加产品使用寿命和使用的安全性。

⑤操作方式多样化。手机、遥控器、电脑皆可操作。

⑥查看数据。用户可查看温度监测点一个月内的空气温湿度数据。

3.手机远程智能风口管理

神农棚博士App是用户监控、管理、遥控棚室智能温控机器人的用户入口。用户通过苹果或安卓应用市场可以在手机上安装神农棚博士手机App。在简单配置后就可以对自己棚室的智能温控机器人设备进行监控和遥控。具体功能如下：

（1）温湿度监控　用户可以通过手机App实时监控温室内空气温湿度情况，由于设备内置了物联网模块，用户可以在任何可以上网的地方随时随地查看棚室内的空气温湿度（图2-9），安心省心。手机App还支持查看所有温室和某一温室内各个位置的温湿度信息及变化曲线。作为附加功能，可以实时查看当前风口的开口大小以及当前设备是处于停止、开风还是关风等状态，做到所有信息一览无余。用户还可以在该界面对设备进行远程控制，调整控温的时段及该时段的控制方案是按开口控制还是按温度控制（图2-10）。用户自行调整完毕后，设备就会在自动模式下按照设定的方案自动化工作，达到智能化的效果，对于即将下雨、下雪、刮大风等极端天气也可以应对自如。

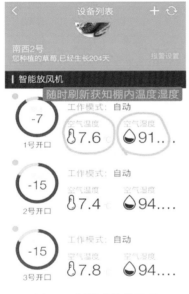

图2-9　温湿度监控界面

图2-10　棚室温度控制界面

（2）一键遥控功能　一键遥控功能是为用户设计的多种常用控制模式的汇集。用户可以通过一次点按对其全部棚室或某几个棚室进行同步设备控制（图2-11）。可进行的操作有：①关闭所有棚室风口；②所有棚室风口全开；③将风口开启至某一个位置，比如30厘米；④设置所有设备的运行模式为自动/手动；⑤所有设备停止转动。

（3）提供作物知识库　为了能够更好地帮助用户使用，App提供了几十种作物生长知识库（图2-12），内置了各种常见作物的各个时期的适宜温湿度环境策略，一般情况下，用户只需要选择种植作物及生长周期就可以让设备很好地工作。一些经验丰富的用户也可以在其基础上进行修改，以适

图 2-11　一键遥控界面

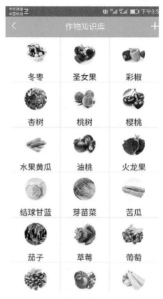

图 2-12　作物生长知识库界面

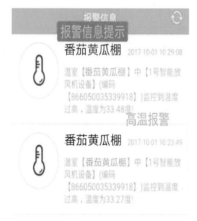

图 2-13　实时远程报警界面

应自己的种植经验，甚至可以自己定义数值温控。App可最大限度地符合用户种植习惯。

（4）实时远程报警　对于室内温度过高、断电、断网、设备故障等情况，由于设备内置了各种监控状态传感器，可以进行及时自我检查，有问题或疑问的情况会通过互联网及时向用户手机推送报警信息，用户及时了解情况、及时处理，避免各种误操作及意外情况造成的种植损失（图2-13）。

三、结语

神农棚博士温室智能温控设备是充分集成了工业设计、NB-IOT、边缘计算、人工智能、云计算、移动互联网等众多业界前沿科技的智能硬件产品。神农棚博士智能温控设备的使用，可极大地节省人工成本，相当于将草莓棚室装进口袋里。在设施农业规模化快速发展的今天，这项设备给农户带来的不仅仅是劳动强度的降低，同时也是进行集约化经营、精准管理和高效种植的利器。可以预见，设施草莓的种植将向规模化、轻简高效的方向发展。

（刘琳）

第二节　草莓水肥一体化控制设备及应用

　　草莓在我国大部分地区都有种植，是水果中鲜果上市最早的水果，素有"早春第一果"的美称。其植株矮小，适合保护地栽培，具有适应性强、结果早、周期短、见效快的优点，而且种植形式多样，投资少、收益高，因此草莓产业成为我国果业中发展最快的一项新兴产业。

　　我国是草莓种植第一大国，种植的面积和产量目前均居世界首位。但是，现阶段有很多地方的草莓生产仍在采用大水大肥的管理方式，全生育期灌水多达30 ~ 40次，每次灌水达10 ~ 25米³/亩*，不仅浪费了大量的水肥资源，而且造成了土壤板结、水体污染、病虫害频发等问题，因此推广草莓高效水肥一体化技术迫在眉睫。

一、草莓水肥一体化灌溉技术的概念

　　草莓水肥一体化是将施肥和灌溉相结合的技术，将化肥溶于水中，以水为载体，通过以水带肥的方式同步施加水肥，在灌溉的同时完成施肥。养分随灌溉水渗入土壤中，再通过质流、扩散和根系截获等途径到达根表，继而被作物吸收利用。水肥一体化技术的特点有：①按需供水供肥，肥水直达根区，有利于根系吸收；②肥效快，水肥利用率提高；③投入量减少，节约生产成本；④减少养分排放，减轻农业面源污染。

二、草莓应用节水灌溉技术的优点

1.节水、节肥、节药

　　水肥一体化均匀缓慢地将肥水补充到作物根系附近的土体内，实现从"浇地"到"浇作物"的转变，并且可以根据作物的需水需肥特性定时定量进行精准补充，节水量至少达50%，省肥量至少达30%。另外，农作物70%的病害与生长环境的湿度有很大关系，而水肥一体化技术能有效地控制水肥补充量，避免引起周围环境和土体湿度急剧变化，改善生长区域内

---

　　*　亩为非法定计量单位，1亩 ≈ 667米²，下同。——编者注

的水、肥、气、热四相结构，减少滋生杂草和诱发病虫害，减少生产用药，提高草莓生产的健康安全保障。

2. 省心、省工、省力

传统生产中，浇水和施肥往往是分开进行的，而且基本依靠人工进行，费工费时。水肥一体化技术依靠设备输送水分养分，工作人员只需控制阀门启停，不用再重复繁重的体力劳动，提高了生产效率，降低了人工成本。尤其是在当前，用工成本越来越高，劳动用工越来越难找，越大型的生产基地，对人工的需求量越大，水肥一体化技术的省工效益越为突出。

3. 增产、增质、增效

传统灌溉方式由于不能做到精准控制，所以忽视了水在作物生长中所起的增值作用。借助水肥一体化技术可实现以水调肥、以水控肥，通过在作物不同生长时期交替进行充足灌溉、亏缺性灌溉、定向灌溉等，以水分胁迫和水分诱导来调控作物的生长速度和品质。

4. 保护环境、减缓面源污染

水肥一体化系统高效的施肥管理不仅减少了肥料施于较干表土层带来的挥发损失，同时避免了传统灌溉过量导致地表径流肥料流失到周围水体的情况，此外还减少了养分随水残留到深层土体内对土壤团粒结构的破坏，能有效减轻草莓生产对周围土体、水体的面源污染。

三、水肥一体化灌溉系统的组成

水肥一体化高效灌溉系统主要包括水源、加压设备、过滤设备、施肥设备、输配水管网、灌水器、阀门附件等部分。现代化管理还融入了自动控制、环境信息采集、气象信息采集、生产设施控制、作物长势监测、按环境决策水肥补给、施肥EC/pH在线监测及调控、回液监测、建立草莓生长档案等智能物联管理要素（图2-14）。

（一）水源

灌溉系统规划时必须对水源的状况（水量、水质等）进行分析，水质应符合现行国家标准GB 5084—2005《农田灌溉水质标准》的相关规定。必要时，应对水源水质进行检测。进入灌溉系统管网的水应经过净化处理，不应含有大粒泥沙、杂草、鱼卵、藻类等物质。从河道或渠道中取水时，取水口处应设拦污栅和集水池，集水池的深度和宽度应满足沉淀、清淤和水泵正常吸水的要求。高标准设施生产时，可采用回收的雨水。

图 2-14　水肥一体化系统原理

（二）首部枢纽

首部枢纽主要包括动力设备、控制设备、施肥药装置、过滤设备、测量设备和安全保护设备等，其作用就是从水源处取水加压，进行过滤拦截处理，同时加入肥料或农药，执行整个灌溉系统的加压、供水（肥、药）、过滤、测量和调控任务。

1. 水泵

（1）水泵流量应按照草莓生长需水量、灌溉量以及生产管理需求设计，水泵扬程应按照灌溉系统工作压力以及水头损失设计。

（2）安装水泵应选择具有 3C 认证的正规厂家生产的产品。

（3）根据上海华维节水灌溉股份有限公司从事灌溉项目设计实施经验提供的资料显示，水泵选配如表 2-1。

表 2-1　水泵功率选型表

面积（亩）	功率（千瓦）	数量（台）	水量（米^3/时）
<50	5.5 ~ 7.5	2（备1）	25 ~ 50
50 ~ 100	7.5 ~ 11	2（备1）	30 ~ 85
100 ~ 200	11 ~ 15	2（备1）	45 ~ 110

水泵控制需采用变频恒压，能有效降低能源消耗，节能环保。控制柜变频器本身具备一拖多的功能，控制的水泵可单台启动或多台同时启动。主要元器件及变频器需选择国内或国外一线知名品牌。

2.过滤设备

过滤设备应视水源条件和灌水器的水质要求选配，根据上海华维节水灌溉股份有限公司提供的资料，过滤设备选配如表2-2所示。

表2-2　过滤设备选型表

灌溉方式	水源	砂石过滤器		叠片过滤器			网式过滤器			离心砂过滤器	粗网
		一级	二级	一级	二级	三级	一级	二级	三级	一级	一级
滴灌	地表水	◆			◆				◆		◆
	地下水	◆	◆					◆		◆	◆
微喷	地表水	◆			◆			◆	◆		◆
	地下水	◆	◆			◆		◆	◆	◆	◆

3.测量、控制和保护设备

测量设备主要指流量、压力测量仪表，用于测量首部枢纽和管道中的流量和压力。过滤器前后的压力表反应过滤器的堵塞程度。水表用来计量一段时间内管道的水流总量或灌溉水量。选用水表的额定流量应大于或接近设计流量。

控制设备一般包括各种阀门，如闸阀、球阀、蝶阀、流量与压力调节装置等，其作用是控制和调节灌溉系统的流量和压力。

保护设备用来保证系统在规定压力范围内工作，消除管道中的气阻和真空等，一般有进（排）气阀、安全阀、逆止阀、泄水阀、空气阀等。

（三）控制设备

控制设备应按照因地制宜的原则，依据不同地区、不同作物的特定需求具体规划。最基础的田间控制方式是人为控制阀门，其次可升级为用简单的时间程序控制，再进一步利用计算机、无线数据通信、采集控制器、传感器等先进技术对农田灌溉进行监控管理，实现实时监测生长环境，让环境调控和水肥调控有据可循。此外，灌溉决策中可引入专家决策系统，对处于不同地区和不同生长阶段的目标作物的需水信息做定量评估。

（四）输配水管网

输配水管网由干管、支管、毛管及配件组成，通过相应的管件、阀门等部件将各级管道连接成完整的系统，其作用是将压力水输送并分配到需要灌溉的种植区域。现代灌溉系统的管网多采用施工方便、水力学性能良好且不会锈蚀的塑料管道，如PVC管、PE管等。同时应根据需要在管网中安装必要的安全装置，如进排气阀、限压阀、泄水阀等。

　　管网布局的设计应根据水源位置、地形、灌溉面积、用水量等情况分级布局，并与排水系统、道路、林带、供电系统及居民点的规划相结合。

四、草莓高效灌溉方式的选择

　　草莓根系为须根，发生在新茎基部和根状茎上（图2-15）。其根系浅，主要分布在20厘米以内的土层。新根为白色，结果期大部分新根变为褐色或黑色。随着植株生长，发根部位上移，多年一栽制应注意培土。草莓当年抽生的短缩茎来源于上一年新茎的顶芽或腋芽，其上密集轮生叶片，叶腋间着生腋芽，下部产生不定根，是由新茎腋芽萌发形成的特殊地上茎，节间长，具有繁殖能力。草莓一般在匍匐茎的偶数节位上形成匍匐茎苗。主要有露地栽培和保护地栽培两种方式。

图2-15　草莓根系

　　平时常见的草莓节水灌溉方式为滴灌，应用了滴灌带、滴灌管、滴箭等，在某些特定的环境下也可采用雾化微喷的灌溉方式。上海华维节水灌溉股份有限公司在2018年的工程方案设计和用户使用跟踪中总结出的经验有：①滴灌解决了水和肥的精确按需供给；②雾化微喷可实现夏季降低环境温度，降低叶片蒸腾量；③增加环境湿度，补充因根系供水不足引起的生理性卷叶和干叶现象。

　　很多用户选择用微喷，认为出水量大能满足草莓需水要求，滴灌水量太小补水不够。但其实微喷出水量远超过草莓实际需水量，而且微喷出水量相对大、可控性弱，容易引起环境温湿度的急剧变化，所以只能选用小水滴粒径的雾化微喷头调节环境温湿度，水肥补给还是以根部滴灌效果最佳。

　　1. 露地栽培模式下的高效灌溉

　　草莓通常为起垄栽培，因此适宜的高效灌溉模式是条状滴灌（图2-16、图2-17）。滴灌是一种局部浇灌方法，只在作物根部湿润，因此施肥也是对根施肥，而非土壤施肥。宽垄一般为50～60厘米，栽植2行草莓，在定植的2行草莓中间位置处铺设2条滴灌毛管［内镶圆柱式滴灌管（图2-18）或贴片式滴灌带（图2-19）］。窄垄一般为30厘米，定植1行草莓，在草莓根部位置铺设1条滴灌带，滴头间距以20厘米左右为宜，铺设长度以小于80米为宜。

图2-16　草莓膜下滴灌

图2-17　草莓地表滴灌

图2-18　1600系列内镶圆柱式滴灌管

图2-19　1700系列贴片式滴灌带

　　草莓园一般为平地，可采用贴片式滴灌带，以降低设备成本。为防止杂草丛生，同时避免草莓直接接触土壤，提高草莓外观和品质，覆膜栽培是最佳选择。覆膜可增加地温，同时具有保湿功能。膜下滴灌可进一步提升滴灌节水效果，且避免空气湿度过大引起的灰霉病、白粉病、根腐病等问题。若采用膜下滴灌方式，在覆膜前应提前安装好滴灌毛管。

　　由于根系生长具有趋水趋肥的特性，所以滴灌条件下的根系大部分都集中在滴头下方生长，其他地方的根系很少。铺设滴灌管/带时，使滴头朝上，可有效防止根系入侵，减少管道负压吸泥，降低滴头堵塞风险。

2. 保护地栽培模式下的高效灌溉

保护地栽培适用的灌溉模式与露地相同。基质栽培是草莓保护地栽培常用的一种栽培方式，也是温室条件下实施立体栽培的一种常见模式，具体有支架型、双H型和A型。除立体栽培外，也可采用营养袋式栽培。基质栽培因种植形式多样，因此适宜的高效灌溉模式是多点式滴灌（图2-20、图2-21）。管上式滴头与滴箭的匹配，可实现定点式精准灌溉施肥，出水均匀，实现低投入高收益。

图2-20　草莓立体式基质栽培应用1814系列滴箭

图2-21　草莓立体基质栽培应用1700系列滴灌带

3. 育苗过程中的高效灌溉模式

草莓产量的高低与草莓苗质量密切相关。草莓要高产，壮苗是关键。好的苗子决定栽培期的长势，培育无病壮苗是草莓高产的基础。

草莓产量的影响因素有花序数、开花数、坐果率、果实大小等，而这些因素与植株的营养状况和生长发育状态密切相关。

草莓有多种繁殖方法，其中匍匐茎繁殖壮苗法是草莓生产上应用最广的一种繁殖方法。草莓育苗采用的原则是"前促后控"，即前期5—6月保持土壤湿润，适时追肥、喷施赤霉素，促发匍匐茎；后期7—8月适当控制肥水、控制苗高，促进花芽分化、培育壮苗。匍匐茎发生后期停止氮肥的施用，以防幼苗徒长影响花芽分化，此时可叶面喷施磷酸二氢钾，以利于幼苗健壮和花芽分化。

因此，较适合草莓育苗的高效灌溉模式是雾化微喷（图2-22）。选择灌溉均匀度较好的微喷头进行灌溉，微喷头可选择直立式的安装方式，亦可结合设施结构采用倒挂式的安装方式。

4.气雾栽培模式下的高效灌溉

草莓栽培对技术的要求相对专业，管理也较为费工，主要因为：一是草莓病害多；二是无果皮的浆果对洁净度要求高，果实不能沾土，管理时要在地面铺草或盖膜；三是叶面积系数低，生物量没有果树大，栽培所占的土地多；四是该类匍匐植物的管理需要躬背低俯操作，劳力投入大。针对这些问题，采用气雾栽培法就可以完全解决。

气雾栽培的草莓适合雾化微喷灌溉，即通过雾化微喷头将营养液雾化为小雾滴，直接喷射到植物根系（图2-23），达到气雾栽培的目的。但由于水滴在空气中受到根系的遮挡及重力作用，无法均匀地喷洒到每一株草莓的根部，由此造成草莓长势不均，降低草莓品质。因此，在布置微喷头时需要加大密度，尽量满足每株草莓的水肥需求，实现气雾栽培的高产、高效、高质。

图2-22 草莓育苗采用5428系列雾化微喷

图2-23 气雾栽培根系

五、草莓水肥一体化滴灌的滴头流量选择

现在市面上有很多种滴灌产品，滴头流量多为0.6 ~ 4.8升，甚至更高。

在这些滴头中，多大流量的滴头适合草莓使用呢？这个问题更多的不是取决于作物，而是取决于土壤或者栽培基质的保水率和透水性。现阶段的草莓种植大部分是在温室条件下用椰糠、基质、沙壤土等作为栽培基质，这些栽培基质都有疏松透气的特点，这一特点恰恰限制了根系对水分的利用，原因在于：基质孔隙结构会使得水分在重力作用下形成直线向下的轨迹，而作物根系在土壤中以横向生长的更多。因此，在椰糠、基质、沙壤土等栽培基质中，滴头流量宜控制在1.0～2.0升/时，既保证草莓用水需求，又能让水在基质中有足够的横向扩散时间。流量低于1.0升/时会导致灌溉时间较长，不能保证夏季生产需水量供应；流量高于2.0升/时又会导致下渗速度过快，不能覆盖全部根系。在常规土壤中栽培也是同样的道理，黏土地用小流量（1.0～1.5升/时）避免形成地表径流，黄壤土用中流量（2.0升/时左右）即可。大流量滴灌在草莓种植中的应用越来越少，主要用于园林灌溉、矿石淋洗和需水量特别大的作物上，如香蕉。

六、草莓施肥设备选择

1.免电源比例式注肥泵

比例式注肥泵（图2-24）直接安装在供水管上，无须电力而以水压作为工作的动力。使用方便，只要打开水源即可，适用于小型种植户使用。

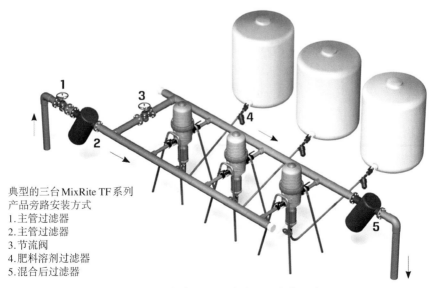

典型的三台MixRite TF系列
产品旁路安装方式
1.主管过滤器
2.主管过滤器
3.节流阀
4.肥料溶剂过滤器
5.混合后过滤器

图2-24 免电源比例式注肥泵安装示意

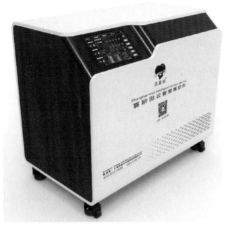

图2-25　喜耕田全自动施肥机

比例性是保持恒定精确剂量的关键，无论流进管线的水流量和压力如何变化，注入的溶液剂量总是与流进水管的水量成正比，外部调节比例，灵活方便。

2. 全自动施肥机

草莓施肥设备建议选用全自动施肥机（图2-25）。全自动施肥机在实现最基本的对田间灌溉用电磁阀进行自动控制的同时，更可通过EC/pH及流量的监控，在先进的可编程系统的控制下，通过机器的文丘里注肥器精确地把肥料养分或弱酸等注入灌溉主管中，执行准确的施肥过程。适用于中大型种植主体。

施肥机是放置于灌溉系统首部的设备，除具有施肥灌溉的功能，还具有高效灌溉中的水源水质过滤系统中的自动反冲洗功能以及采集环境数据的功能。内置的智慧灌溉控制系统能够根据采集的数据自动判断灌水时机和灌水量，施肥机提供用户智慧灌溉的部分功能，它让农业种植产品在物联网时代如何种的问题得到整体解决。

智慧施肥机是在先进的农业灌溉智能控制系统理念基础上，采用了轻量化设计的嵌入式计算系统和中断机制多任务处理系统，弱化了数据管理功能，强化了硬件管理功能，可以处理复杂的实时信号。设备支持功能定制，方便用户根据现场情况的变化来增加各类传感器、调节器及附加设备。

控制器（图2-26）采用人机对话模式，操作人员可按控制器显示屏上提供的内容进行整体控制程序的设定，设定的自由度大而且准确。若设定错误或设定超出系统的范围，控制器会自动提示用户。

图2-26　全自动施肥机界面

七、草莓水肥一体化注意要点

1.滴灌系统堵塞

滴灌系统的堵塞大部分是由于过滤系统未达到要求而产生的，建议选用过滤系统的精度应达到120目。深井水或含沙量大的水源需安装离心式分沙过滤器；如果水体中含有的有机杂质比较多，例如藻类、浮游物等，应安装砂石过滤系统，过滤系统应为多级过滤，最后一级建议设置120目精度的叠片过滤器。

过滤系统的运行管理，建议灌溉时选择清水→肥水→清水的方法，可解决根系吸收问题，灌溉完成后也能及时冲洗管道，避免管道内剩余肥液过多长青苔，从而堵塞滴管及管道。过滤系统使用一段时间后应及时进行清理，以保障其后续正常运行。过滤系统前后端均需配置压力表，有条件的用户可选择自动反冲洗过滤设备。

建议对灌溉水源进行检测，针对水质情况选择合适的肥料。例如偏碱性的水质，选择偏酸性的肥料就可有效避免堵塞的情况。

2.盐害

草莓对盐害很敏感，浓度高就会烧根，地上部分也会随之出现枯萎的症状。一般肥料用量是每立方米加肥2～5千克。如果出现烧根的情况，可以单独滴清水把盐淋洗出来减轻危害。

在水肥一体化条件下，建议少量多次施肥。通过传感器来确定灌水的次数与频率，这样既满足根系不断吸收养分的需求，提高肥料利用率，也能降低淋洗风险。并且，肥料单次用量少，可有效防止烧根现象。

3.过量灌溉

草莓根系很浅，主要分布在10～30厘米的土层，灌溉时间太长会把肥料淋到更深的土层，极大地降低施肥效果，因此建议采用少量多次的灌溉方式。

4.肥料元素拮抗

偏施氮肥会影响钙、钾、镁肥的吸收，过量施钾肥会影响镁、钙肥的吸收。草莓施肥中，也存在部分元素之间的拮抗效应，生产中应避免这种情况。

八、结语

水肥一体化技术的应用时间相对较短，且推广面积不大。就目前的农业生产实际情况来说，土地比较分散，小农户经营所占比例较大，多为一家一户分散经营的模式，不仅种植规模较小，而且所种作物品种也是多、乱、杂，因此无法进行规模化统一管理。大部分农户仍然在沿用落后的栽培管理技术，即在田间地头辛勤劳作。而水肥一体化技术只有在规模化种植中使用，才能体现其节约生产和劳动力成本的优势，更好地发挥它应有的作用。

建议政府加大对水肥一体化项目的支持，加大对种植户购入设备的资金补贴，减少他们的前期资金投入，提高种植户使用新技术、新设备的积极性。

（朱登平　吕名礼）

第三节　设施草莓超高效常温烟雾施药机

设施草莓植株地上部常见病虫害有白粉病、灰霉病、褐斑病、蚜虫、蓟马和螨虫等，生产季节都必须施药防治。由于草莓枝叶匍匐生长，无论是手动喷雾还是电动喷雾施药，因雾滴较大和施药人员的操作差异，药剂分布十分不均匀，防治效果多不理想。经二十多年研制应用和改进，超高效常温烟雾施药机很好地解决了设施园艺高效施药技术的难题，特别适合设施园艺病虫害防控。

一、机具组成

超高效常温烟雾施药机由背负式常温烟雾机主机（图2-27）和移动数码发电推车（图2-28）两部分组成。背负式常温烟雾机主机为作业时的喷施装置，操作者背负主机进行喷施作业；移动数码发电推车提供电能，通过线缆与主机相连接，为主机供电，同时也是移动运输工具。

图2-27　背负式常温烟雾机主机　　　图2-28　移动数码发电推车

二、规格参数

背负式常温烟雾机与移动数码发电推车的规格参数见表2-3和表2-4。

表2-3　背负式常温烟雾机主机参数

名称	规格参数	名称	规格参数
外形尺寸（毫米）	510×290×700	喷雾速率（升/分钟）	1.0～1.5
主机净重（千克）	13.5	雾滴体积平均中径（微米）	50
药箱容积（升）	16	插座防护等级	IP67
药箱工作压力（兆帕）	0.01	动力类型	电动，AC220伏
雾化器额定功率（千瓦）	2.6	启动方式	按钮/遥控
喷雾距离（米）	≥雾距		

表2-4　移动数码发电推车参数

名称	规格参数	名称	规格参数
电压（伏）	230	频率（赫兹）	50
额定功率（瓦）	3 000	净尺寸（毫米）	550×300×460
净重（千克）	28	油箱容量（升）	5.7
电机类别	永磁稀土电机	发动机类别	单缸，四冲程，强制风冷
机油容量（升）	0.6	启动方式	手动

三、机具特性

1.雾化效果好

常温下将药液雾化成平均直径为50微米左右的最佳雾滴，大小均匀，农药利用率达到常温烟雾施药的最高值，喷雾距离大于12米。

2.显著节约药液

本机施药无死角，雾滴飘逸时间长短适中，药剂扩散、分布均匀，农药利用率提高30%以上，防效提高15%左右，农药节省40%～60%。

3.显著节水

常温烟雾施药水只起将药剂均匀洒布分散的作用，兑水多少不影响防效，通常每亩的施药液量3～5升，操作熟练后用水会越来越少，较常规施药可节水近20倍。

4.施药超高效

本机喷雾速率为1.0～1.5升/分钟，施药时间只取决于施药者在棚内的退行速度，方便熟练使用，亩施药液少，喷药时间短。通常草莓、芹菜、生菜等矮生作物每亩作业区的施药时间只需3～8分钟。

5.施药工作强度低

作业是在棚内过道上由里向外退行对空喷施，退出棚外即结束，剩余药液从风口喷入。矮小弓棚进不去，通过撩开局部棚膜向弓棚内施药。

6.施药不受农药种类、剂型和天气限制

常用剂型都可使用，不损失药剂有效成分。不增加空气湿度，阴雨雪天、雾霾天都可施药。

7.操作简便，安全可靠

移动线缆方便使用，遥控器或机身开关按钮控制启停，一键操作，轻松快捷。

8.适用性广

各种温室、大棚、弓棚等密闭场所都适用，无需配电，方便快捷，可人工背也可拉着施药，不需对着植株喷，任何人施药防治效果都有保障。本机还可用于冷库、食用菌种植和畜禽场所的消毒灭菌、增湿降温等。

9.多重安全保护设计，保障正常作业时的用电安全

四、使用方法

1.施药前的准备工作

（1）用移动数码发电推车将整套装置运至施药棚室门外，将常温烟雾机从移动发电推车上取下。

（2）取出推车上工具箱中的接电线，将接电的一头插入线缆盘上的连接插座中，另一端插在发电机上，插入到位，如图2-29所示。

（3）根据棚室长度，从线轴上拉出合适长度的线缆后，将线缆盘上的工作插头插入常温烟雾机电控箱上的工作插座中，如图2-30所示。

2.药液配兑及加注

（1）施药前，加注少量清水简单涮洗药箱，检查机具是否存在渗漏情况，也可启动机具试喷一下，检查水流是否顺畅，输药管有无堵塞。

（2）配兑农药，常温烟雾机配兑农药使用的是亩有效用量，因此药剂

图2-29　接电线连接

用量一定要准。所以只需要根据施药棚室面积按照农药使用说明书量取合适的制剂用量（毫升/克），用适量清水均匀稀释后倒入药箱，拧紧药箱盖即可（注意：药箱盖务必拧紧，避免漏气泄压影响喷施效果。只要药剂总量够，兑水多点少点不影响防治效果）。

3.启动发电机

发动机启动流程如图2-31所示。汽油发电机打开后，打开线轴及电

图2-30　插座连接

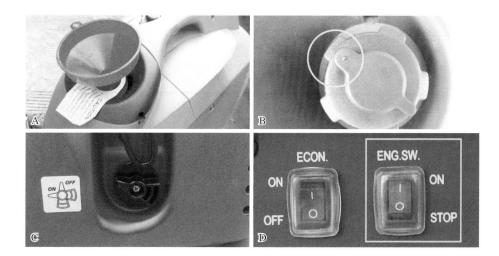

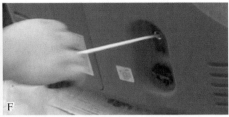

图2-31　发送机启动流程

A.打开油箱盖，加注93#汽油　B.将透气旋钮打到OPEN位置　C.将油路开关打到ON位置

D.将熄火开光打开，往上撬到ON位置　E.将风门扳手打到右边位置

F.将启动拉绳拉出5～6次，直至机器启动　G.发电机启动后将风门打到左边位置

控箱仪表隔离室内的漏电断路器，查看指示电压表读数是否约为220伏，且线轴指示灯亮起，确保供电正常。

4.施药操作

（1）将加完药液的常温烟雾机放于移动数码发电推车的平台上。

（2）操作者做好防护，背起机具进至棚室最里面，手持喷雾管，按下电控箱上或手持遥控器上的启动按钮，启动常温烟雾机，开始由棚里向外退行施药，退到门外施药结束，如有剩余药液可从风口喷入（2-32）。

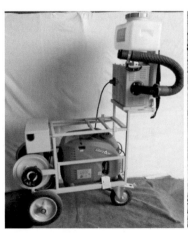

图2-32　烟雾施药机及施药现场

5.喷施结束

（1）喷药作业完成，按下电控箱或者遥控器上停止按钮关闭机具，完成喷雾。

（2）关闭电控箱仪表隔离室内的漏电断路器，然后关闭线缆盘上的漏电断路器。

（3）关闭油路开关（图2-33），将化油器的残余汽油烧干净，然后关闭汽油发电机，如图2-34所示。

图2-33　关闭油路开关　　　　图2-34　将ENG.SW.往下摁到STOP熄灭发电机

（4）拔掉各个插头，收纳线缆。

（5）清洗药箱、输药管、喷嘴等机具部件，擦拭机具，擦拭干净后放入移动发电推车的卡位中，将整套机具拖回仓库备用。

五、注意事项

1.施药操作

（1）施药前应关闭棚室风口，修补棚室漏洞，施药后必须保持棚室密闭2小时以上。

（2）为操作方便和减小农药对操作者身体影响，喷药时务必由棚里向外退行喷施。

（3）在施药人员背负机具倒退行进的过程中，确保机具喷管与后墙的夹角小于60°，且根据行进速度调整夹角。

（4）根据不同种植作物的生长高度，可以垂直方向调整喷管的仰角和俯角（高秆作物有一定的仰角，矮生作物有一定的俯角）。

（5）喷管在水平和垂直方向的摆幅，要尽量与行进步幅保持一致，确保施药均匀，严禁停留在一处长时间喷洒，避免人为原因造成局部喷药过多而出现药害。

2.机具设备

（1）如电源软线损坏，必须由制造商的维修部人员或相关专业人员进行更换。作业时若发生故障或声音异常，应立即断电停机（注意：所有故障排除和清理措施都必须在断开供电电源之后进行）。

（2）发电机停机前，务必将油路开关关闭。冷机启动时，需要将风门扳手扳到右边。热机启动时，可以直接在左边启动。

（3）机器的高低速档位使用方法：ECON.开关打到ON位置时为低速自动模式，发动机会随用电器负载大小自动调节转速；打到OFF位置时为高速模式，直接可以带满负荷用电器。

（4）机器在使用时要将盖板装上，以获得较好的隔音效果。

六、维护保养

（1）背负式常温烟雾机要轻拿轻放，切忌用力过猛造成损坏。

（2）作业中线缆要避免强力拉拽或被硬物碾压，防止线缆破损发生漏电事故。

（3）长期贮存时，要将机具擦拭干净，药箱、输药管、喷嘴等清洗无残留后，放在专用包装箱里，置于干燥、通风、少尘处存放。

（4）发电机长时间放置时，汽油可以贮存在油箱里，可将透气开关关闭打到CLOSE位置（图2-35），防止汽油挥发，另外将油路开关关闭，如图2-36所示。

（5）发电机建议每1～2个月进行加油运行，以利于内部运动部件的润滑，防止生锈。

（6）每半年清除1次火花塞积碳，每两年更换1次火花塞。

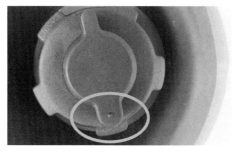

图2-35 透气开关打到CLOSE位置

图2-36 关闭油路开关

（7）根据使用频率，每3～6个月清洁1次空滤器海绵滤芯（图2-37、图2-38），每3～6个月更换1次机油，底部放油螺丝拆开可放机油（图2-39），加注机油如图2-40所示。

图2-37 打开机器前部维护盖板

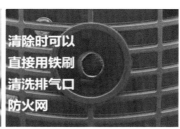

图2-38 清洁空滤器滤芯

图2-39 放油螺丝

图2-40 加注机油

七、结语

冬季低温寡照及高湿引起的病害是限制设施农业生产的一大问题，传统的施药方法又存在用水用药多、均匀性差、防治效率低及环境风险等问题。采用本节所提到的常温烟雾施药技术，能较好地解决传统喷雾在节水、节药和增效方面存在的问题，具有广泛的适用性。

（郑剑秋）

第三章  CHAPTER3
草莓品种选择与品质标准

第一节 草莓优良品种认识

草莓的栽培品种很多，全世界有2 000多种。草莓品种分为三个系列：欧美系品种、日系品种和国产品种。欧美系品种抗性强，耐贮存和运输，但口感酸且硬，如甜查理、阿尔比等；日系品种肉质柔软，但抗性差，不耐贮存，如红颜、章姬等；国产品种特性介于欧美系和日系品种之间，如京藏香、京桃香等十三香系列。

一、欧美系草莓品种

欧美系草莓品种一般果个大、着色好、产量高、抗病性强、管理容易，但糖酸比偏低，作为鲜食草莓而言口感较差。由于其耐贮运、含糖量较高，在深加工领域应用广泛。

1.甜查理

甜查理（图3-1）为美国早熟品种，质量稳定，含糖量高，耐贮运，休眠期浅，丰产，抗逆性强，大果型。植株长势强。株型半开展，果实着色好，光泽度强。株型较紧凑，高抗灰霉病和白粉病，适应性强，平均果重25 ~ 28克，亩产量高达4 000 ~ 5 000千克。果实商品率高达90 % ~ 95 %，鲜果含糖量8.5 % ~ 9.5 %。适合北方地区进行保护地栽培，在日光温室栽培时，12月中下旬至翌年5月上中旬连续结果，是元旦、春节上市的最佳新

图3-1　甜查理

鲜水果，填补了西北地区冬季新鲜水果的空白。果实圆锥形，大小整齐，畸形果少，表面深红色有光泽，种子黄色，果肉粉红色，香味浓，甜味大，可溶性固形物含量达9.8%，适合全国各地栽培。

2. 童子1号

童子1号（图3-2）为浅休眠品种，5℃以下的低温处理80 ~ 100小时即可通过休眠。抗病性和适应性强，栽培管理简单，畸形果较少。植株生

图3-2　童子1号

长健壮，株高在15 ~ 26厘米，叶片长卵圆形，裂刻较浅，叶片厚实蜡质层光亮。果实长圆锥形或楔形，果面平整光滑，色泽艳丽，有明显的鲜红蜡质光泽。一级果平均单果重在50克以上，最大单果重107克。该品种在果实完全成熟时，品质优秀，果实香浓，风味和口感特别好。果实可溶性固形物含量达9%以上，保质期长，极耐贮运，适合长途运输。果实成熟期一致，采摘期集中，产量高。该品种抗白粉病。

3. 阿尔比

阿尔比（图3-3）为美国加利福尼亚州品种。主要特性有出色的果实感官品质和风味，对不利天气和疾病的耐受性更好。单果重约32克，外观极佳，果实硬，耐贮存，其果实的外部和内部颜色红艳。果实风味极好，用作鲜食和加工都非常出色。病虫害抗性强，高抗炭疽病、疫霉果腐病和黄萎病。

图3-3　阿尔比

4. 温塔娜

温塔娜（图3-4）为美国加利福尼亚州品种。主要特性有早熟，在不利天气下授粉好，畸形果率非常低，出色的果实大小、颜色和风味，短日照品种。主要使用高海拔苗圃的新鲜苗进行冬季和春季生产。早期产量高，总产量高，果实品质好。植株生长势强，直立生长，使采摘更容易。果实大，最

大单果重167克，平均单果重19克，果实硬，抗性好。其果实的外部和内部颜色是鲜红色，风味非常好，用作鲜食和加工都非常出色。该品种抗疫霉果腐病、黄萎病和白粉病。

5.卡米诺实

卡米诺实（图3-5）为美国加利福尼亚州品种。基本特性有植株小而竖直，可以高密度种植并且容易采摘，果实对雨水抗性极强，没有授粉不良的问题，畸形果率很低，短日照品种。平均亩产4 000千克，二级果率相当低。植株小，紧凑，易于操作。果实大且硬，果实内外颜色深红。果实风味非常好，用作鲜食和加工都非常出色。对不利天气及疫霉果腐病、黄萎病和炭疽病等土传病害的抗性强，对蛛螨、细菌性叶斑病及一般性叶斑病也有较好的耐受性。

6.圣安德瑞斯

圣安德瑞斯（图3-6）的植株长势强，持续结果能力强；果实短圆锥形，果面红色，品质好；果实硬度大，货架期较长，耐贮存。该品种较抗白粉病。

7.卡姆罗莎

卡姆罗莎（图3-7）为欧美系草莓品种，20世纪80～90年代曾在世界范围内广为栽种。果实长圆锥形或楔形，完全成熟后的果实是暗红色，相比其他品种的草莓，它的口感一般，这是我们在市面上最常

图3-4 温塔娜

图3-5 卡米诺实

图3-6 圣安德瑞斯

图3-7 卡姆罗莎

见的草莓品种。果实质地细密，硬度好，耐贮运，口味甜酸，平均单果重22克。该品种抗白粉病，具有良好的丰产性，可连续采收4~5个月，是一个鲜食和深加工兼用的品种。

8.哈尼

哈尼（Honeye）为美国早熟品种（图3-8）。叶色浓绿，匍匐茎发生早，繁殖力高，适应性强。果实成熟期集中，果型及大小均匀。果实圆锥形，果色紫红，肉质鲜红，酸甜适中，硬度较好，耐贮运，是深加工和速冻出口的极佳品种。

图3-8　哈　尼

二、日系草莓品种

近年来，草莓消费市场由数量型向质量型转变，这种转变直接影响着果农对品种的选择。从品种上看，中果型优质草莓的种植面积不断增长，草莓品种向清爽果型（草莓糖酸比在12~14之间）发展；对内在质量的要求看，更趋向于甜（可溶性固形物含量12%~16%）、脆、亮、红、耐贮运。日系草莓正好符合这些消费特点，消费市场的需求促使了日系品种的大规模推广种植。其中红颜、章姬、圣诞红、隋珠等颇受市场欢迎，尤其是红颜，目前已成为我国的主栽品种，栽培面积最广。

1.红颜

红颜（图3-9）又称Benihoppe、99号、红颊，为目前优秀的日本草莓品种之一，是日本静冈县枥木草莓繁育场以幸香为父本、章姬为母本杂交

图3-9　红　颜

选育而成的早熟栽培品种。因其植株基部呈红色，果实鲜红漂亮而得名。果实圆锥形，种子黄而微绿，稍凹入果面，果肉橙红色。果实外观好，香味浓，糖度高，风味极佳，富有光泽，韧性强，硬度大，耐贮运。大的可以像小鸡蛋那么大，口感硬实，香味浓，糖度高，但价钱也高。2007年由我国四川省农业科

学院园艺研究所引进。一般8月下旬至9月上旬定植幼苗，10月中下旬始花，11月下旬果实开始成熟，亩植6 500株，产量可达1 500 ～ 2 000千克。红颜是近年新兴品种，甜味及酸味恰到好处，适合日光温室及大棚促成栽培。

2.枥乙女

枥乙女（图3-10）由女峰及丰香两大品种，于1990年在枥木县园艺场杂交而得。因果实漂亮，形似少女，1996年正式命名为枥乙女，1998年引入中国。日本种植的近三成草莓都是这个品种，现在是日本第一栽培品种，占枥木县内九成以上。该品种根系发达、长势旺、抗旱、耐高温、繁苗能力强，植株健壮，抗逆性强，病害轻。果肉硬度大，耐运输，亩产可达3 000千克左右，由于口感香甜果肉细腻基本无酸味，很受消费者喜爱。

图3-10　枥乙女

3.章姬

章姬（图3-11）俗称奶油草莓，为短休眠品种，由日本静冈县农民育种家章弘先生以久能早生与女峰两品种杂交育成。1992年在日本注册，目

图3-11　章　姬

前是日本的主要种植品种。1996年由辽宁省东港市草莓研究所引进。其果实整齐呈长锥形，个头大，畸形少，果肉淡红色、细嫩多汁、浓甜美味，含糖量高。第一花序平均单果重25克左右，整个生长期平均单果重18克左右。果实长圆锥形，鲜红色，果实偏软，口感好，香味浓郁，果形美观整齐。植株长势强，株型开张，繁殖能力强。该品种中抗炭疽病和白粉病。休眠期浅，成熟早，适宜温室栽培和城市市郊近距离采摘及礼品馈赠，但果肉太娇嫩不耐运输。一般浙江、江苏一带9月种植，11、12月开始收获，亩产4 000千克左右。

4.弥生姬

弥生在日文中是阳春三月的意思，草莓红艳鲜甜，在阳春三月最盛产，

形似春季少女，故取名弥生姬。弥
生姬（图3-12）是日本群马县花
费10年培育的原创品种，2005年
培育成功，由枥乙女及颗粒大的
TONEHOPPE所杂交而成。果实外
形呈圆锥形而颗粒大，果实饱满，
酸甜度适中，多汁美味，随着气温
升高，口感仍能保持初产时的味道。

图3-12　弥生姬

在其他品种会出现质量下降的3月份之后也能保持美味，一般从1—5月都可
以采摘，在群马县内外有着很高的人气。该品种的草莓果肉较硬实，耐运输，
保存期较长。

5.幸香

幸香（图3-13）是日本在1987年由丰香和爱莓杂交育成，1998年引入
我国。植株长势中等，果实硬度、
糖度、肉质、香味及抗白粉病能力
均优于丰香。植株新茎分枝多，花
果量多，果实圆锥形。果色较丰香
深红，味甜酸，香气浓。硬度好，
耐贮运。维生素C含量比丰香高
15%～30%，植株休眠期浅，丰产
性强，适合保护地栽培，是南方地
区主要种植品种。果均重25克，最
大的果可重达90克。亩产2 000千克以上。

图3-13　幸　香

图3-14　丰　香

6.丰香

丰香（图3-14）是中国于1987
年进行引种，该品种早熟、果大、
休眠期浅，果实圆锥形，果面有棱
沟，果色鲜红艳丽，果肉粉黄色，
髓心嫩红色。口味香甜，味浓，肉
质细软致密，不是很硬。丰香的果
实平均重32克，最大65克，500克
大约有15颗。耐贮运度适中，不太

适宜远距离运输，宜温室和早春大棚栽植。不抗白粉病，对灰霉病有一定的抗性，花期容易受低温危害。市场受欢迎程度较高。

7.隋珠

隋珠（图3-15）由日本引进，属于短休眠品种，该品种成熟较红颜早，有"草莓帝王"的美誉。名字取自于"和氏之璧，隋侯之珠"，形容其高贵无双。其植株生长态势很强，结果多，花瓣白色，花柄粗。果实呈标准的圆锥形，果粒大，横径可达5～6厘米，深红色，有丝状光泽，果面色泽好，大果率高，平均果重可达50～60克，果面平整，深红色，有蜡质感。果肉如珍珠般润白、细润、甜绵，糖酸比高，入口清爽

图3-15 隋 珠

怡人，甘甜中带有优雅的香气，浓郁的草莓风味久久留于唇齿间。该品种炭疽病抗性中等，对白粉病抗性较强。

8.点雪

点雪（图3-16）由日本引进，属于短休眠品种，5℃以下的低温处理100小时左右即可通过休眠。该品种株型较直立，长势旺，株高30厘米左右。叶片较大，长圆形，花序长，花数多，高级花序较多时要及时疏去。第一花序平均单果重22.5克左右，整个生长期平均单果重18克左右。果实长圆锥形，果实偏软，口感好，香味浓郁，果形美观整齐。可溶性总糖含量9.0%，总酸含量0.65%。该品种炭疽病抗性中等，白粉病抗性较强。

图3-16 点 雪

9.皇家御用

皇家御用（图3-17）为短休眠品种，5℃的低温处理200小时左右可通过休眠，成熟期比红颜晚。该品种株型较直立，生长势较强，株高25厘米左右。叶片较大，长圆形，匍匐茎抽生能力较强。花序短，花数中等，连续结果能力一般，单株结果数20～30个，高级花序较多要及时疏去。第一花序平均单果重31克左右，整个生长期平均单果重12.6克左右。果实呈短

图3-17 皇家御用

圆锥形，鲜红色，果实较硬，口感好，香味浓郁，果形美观整齐，果实成熟度达到85％时风味最佳。果实果肩部位是白色，下部红色，尖部深红色，商品性很好。可溶性总糖含量10.3％，总酸含量0.57％。

10.圣诞红

圣诞红（图3-18）由韩国引进，该品种比红颜早熟7～10天，株型直立，株高19厘米。叶面平展而尖向下，叶厚中等。叶片黄绿色有光泽，叶片形状椭圆形，叶片边缘钝齿，叶片质地革质平滑，叶柄紫红色。花序平或高于叶面，直生，白色花瓣5～8枚，花瓣圆形且相接。果实表面平整，光泽度强，果面红色。80％果实为圆锥形，10％果实为楔形，10％果实为卵圆形。果实萼下着色中等，宿萼反卷，绿色。种子微凸果面，颜色黄绿兼有，密度中

图3-18 圣诞红

等。果肉橙红，髓心白色，无空洞。果肉细，质地绵，风味甜，可溶性固形物含量为13.1％，果实硬度高于红颜，耐贮性中等。对于白粉病、灰霉病的抗性均比红颜和章姬高，耐低温能力强，在冬季低温条件下连续结果性好，对炭疽病、白粉病、枯萎病有较强的抗性。

图3-19 红珍珠

11.红珍珠

红珍珠（图3-19）由爱莓与丰香杂交育成，1991年命名发表，1999年引入我国。植株长势旺，株态开张，叶片肥大直立，匍匐茎抽生能力强，耐高温，抗病能力中等，花序枝梗较粗，低于叶面。果实圆锥形，艳红亮丽，种子略凹于果面，味香甜，可溶性固形物含量为

8%～9%。果肉淡黄色，汁浓，较软，是上市鲜果中的上乘品种。休眠期浅，适宜温室反季节栽培，每亩栽植8 000～9 000株。

12.佐贺清香

佐贺清香（图3-20）果实大，一级果平均重35克，最大果可达52克。果实圆锥形，鲜红亮丽，果形端正而整齐，畸形果少，果肉白色，种子均匀平于果面。香味较浓，甜度高，酸度低于丰香。耐运输，贮存时间长。抗白粉病能力强于丰香，抗炭疽病能力与丰香相当，抗矮化能力明显优于丰香，适宜北方温室促成和半促成栽培，也适合南方拱棚和露地栽培。

图3-20　佐贺清香

三、国产草莓品种

国产草莓是由国人自主培育的草莓品种。最典型的代表是十三香系列品种、白草莓品种等。十三香系列是由北京市林业果树科学研究院培育的，包括：京藏香、京桃香、京承香、京留香、京泉香、京醇香、京怡香、燕香、书香、天香、冬香、红袖添香、京御香，其中京藏香、京桃香等品种种植较为广泛。

1.京藏香

京藏香（图3-21）是北京市林业果树科学研究院培育的品种，2013年审定。母本早明亮，父本红颜，植株生长势较强。在2013年第九届中国草莓文化节上获得"长城杯"奖。京藏香草莓较抗灰霉病，中抗白粉病。

2.京桃香

京桃香（图3-22）是北京市林业果树科学研究院培育的品种，荣

图3-21　京藏香

图3-22　京桃香

获2013年第八届全国精品草莓擂台赛"金奖"。该品种不仅香甜，而且还带有浓郁的黄桃味道，口感风味是草莓中的极品。该品种较抗白粉病、灰霉病。

3.白草莓

白草莓（图3-23）又名小白，在2012年世界草莓大会上获得银

图3-23　白草莓

奖，2014年8月通过北京市种子管理站鉴定，是首例国人自主培育的白草莓品种，现已申请农业农村部专利。小白草莓是由红颜变异选择而来。外形与普通草莓十分相似，其果肉为奶白色，表面均匀分布着小红点，与一般的草莓颜色恰好相反。

四、结语

自20世纪50年代中后期引入第一批草莓品种起，我国草莓产业已有70多年的历史。目前我国草莓种植面积达到200万亩以上，年产量200万吨左右，产值约300亿元。我国已经成为世界上草莓栽培面积最大，产量最高的国家。其中，辽宁、安徽、山东、河北、四川、浙江、云南和北京等地是非常有名的草莓主产区。

在设施栽培中，应根据不同的栽培目的选择相应的品种。欧美系品种果型大，产量高，比较耐贮存和运输，但是口感偏酸，在我国主要作为深加工食品原材料，供应深加工产业链。日系品种好，口味佳，外观漂亮，商品性好，适合采摘和鲜食，尤其是红颜、章姬等品种，均属于极佳的鲜食品种，非常适合都市农业生产和市场需求。国产品种如十三香系列，产量高、果实硬度适中、特色明显，适合发展特色品种种植的园区。

目前，我国98%以上的栽培品种仍以国外引进的欧美品种和日系品种为主，尤其是日系品种占绝大部分，例如在北京市昌平区红颜占全区种植面积的88%左右，而国产草莓品种的市场占有率只有不到2%。

（王娅亚）

第二节　国产草莓品种介绍

一、国产草莓品种

1.京藏香

京藏香（图3-24）是北京市林业果树科学研究院以早明亮×红颜杂交育成。

植株生长势较强，株形半开张，株高12.2厘米，冠径22.3厘米×20.4厘米。叶椭圆形、黄绿色，叶片厚度0.59毫米，叶缘锯齿钝，叶面质地革质粗糙、有光泽，叶柄长6.7厘米，单株着生叶片9.4片。花序分歧，平于或低于叶面，两性花。

果实圆锥形或楔形，红色，有光泽，种子黄绿红色兼有，平于或凹于果面，种子分布中等。果肉橙红。花萼单层双层兼有，主贴副离。第一、二级序果平均果重31.9克，果实纵横径4.90厘米×3.95厘米，最大果重55克。酸甜适中，香味浓。可溶性固形物含量为9.4%，维生素C含量为0.627毫克/克，还原糖为4.7%，可滴定酸为0.53%，果实硬度为1.65千克/厘米^2。

适栽区：已推广至北京、辽宁、山东、云南、内蒙古、河北等地，也适合西藏等高海拔地区栽植，宜进行促成栽培。

图3-24　京藏香

2.京承香

京承香（图3-25）是北京市林业果树科学研究院以土特拉×鬼怒甘杂交育成。

植株生长势较强，株形较开张，株高15.2厘米，冠径25.5厘米×25.1厘米。叶圆形、绿色，叶片厚度中等，叶面平，叶尖向下，叶缘锯齿尖，叶面革质粗糙、有光泽，叶柄长11.1厘米，单株着生叶片9.9片。花序分歧，低于叶面，两性花。

果实圆锥形，红色、有光泽。种子黄绿红色兼有，凹于果面，种子分布中等。果肉红色。花萼单层双层兼具，主贴副离。第一、二级序果平均质量33.8克，果实纵横径5.60厘米×4.04厘米，最大果56克，风味酸甜，稍有香味。可溶性固形物含量为8.6%，维生素C含量为0.805毫克/克，还原糖为4.3%，可滴定酸为0.63%。

适栽区：华北地区，适合促成栽培。

图3-25　京承香

3.京桃香

京桃香（图3-26）是北京市林业果树科学研究院以达赛莱克特×章姬杂交育成。

植株生长势较强，株形半开张，株高10.8厘米，冠径24.0厘米×21.1厘米。叶椭圆形、绿色，叶片厚度0.62毫米，叶面平，叶缘锯齿钝，叶面质地革质粗糙、有光泽，叶柄长5.8厘米，单株着生叶片7.7片。花序分歧，高于叶面，两性花。

果实圆锥形或楔形，红色，有光泽。种子黄绿红色兼有，平于果面，种子分布中等。果肉橙红。花萼单层双层兼有，主贴副离。第一、二级序果平均果重31.5克，果实纵横径4.86厘米×3.34厘米，最大果重49克。酸甜适中，香味浓。可溶性固形物含量为9.5%，维生素C含量为0.788毫克/克，

图3-26　京桃香

还原糖为5.2%，可滴定酸为0.67%，果实硬度为1.73千克/厘米²。

适栽区：已在北京、河北等地试栽，适合促成栽培。

4.京留香

京留香（图3-27）是北京市林业果树科学研究院以卡姆罗莎×红颜杂交育成。

植株生长势强，株态直立，株高12.8厘米，冠径23.7厘米×26.0厘米。叶圆形、绿色，叶片厚度0.61毫米，叶面平，叶尖向下，叶缘锯齿钝，叶面质地革质平滑、有光泽，叶柄长7.6 cm，单株着生叶片9片。花序分歧，高于叶面，两性花。

果实长圆锥形或长楔形，红色，有光泽。种子黄绿红色兼有，平于果面，种子分布中等。果肉橙红。花萼单层双层兼有，主贴副离。第一、二级序果平均果重34.5克，果实纵横径5.48厘米×3.62厘米，最大果重52克。风味酸甜适中，有香味。可溶性固形物含量为9.2%，维生素C含量为0.584毫克/克，总糖为5.2%，总酸为0.56%，果实硬度为1.79千克/厘米²。

适栽区：已推广至北京、河北、安徽、辽宁、江苏等地，适合促成栽培。

图3-27　京留香

5.京泉香

京泉香（图3-28）是北京市林业果树科学研究院以优良品系01-12-15×红颜杂交育成。

植株生长势强，株形半开张，株高18.9厘米，冠径32.5厘米×29.6厘米。叶圆形、绿色，叶片厚度中等，叶面平，叶缘齿钝，叶面革质粗糙、有光泽，叶柄长12.9厘米，单株着生叶片11片。花序分歧，高于叶面，两性花。

果实圆锥形或楔形，红色，有光泽。种子黄绿红色兼有，凹于果面，种子分布中等。果肉橙红。花萼单层双层兼具，主贴副离。第一、二级序果平均质量38.4克，果实纵横径5.46厘米×4.32厘米，最大果重90克，风味酸甜适中，香味浓。可溶性固形物含量为9.4%，维生素C含量为0.757毫克/克，还原糖为5.2%，可滴定酸为0.46%。

适栽区：已推广至北京、河北、云南、辽宁、内蒙古、山东、青海等地，云南长势表现突出，适合促成栽培。

图3-28　京泉香

6. 京御香

京御香（图3-29）是北京市林业果树科学研究院以卡姆罗莎×红颜杂交育成。

植株生长势较强，株形半开张，株高14.06厘米，冠径28.35厘米×32.60厘米。叶椭圆形、绿色，叶片厚度中等，叶面平，叶尖向下，叶缘锯齿钝，叶面革质平滑、有光泽，叶柄长9.85厘米，单株着生叶片15片。花序分歧，高于叶面，两性花。

果实长圆锥形或楔形，红色，有光泽。种子黄绿红色兼有，平于果面，种子分布中等。果肉红色。花萼单层双层兼具，主贴副离。第一级序果平均质量60.2克，实纵横径6.6厘米×4.8厘米，最大果重178克，风味酸甜适中，有香味。可溶性固形物含量为8.9%，维生素C含量为0.775毫克/克，总糖为3.0%，总酸为0.52%。

适栽区：已在北京、河北等地试栽，适合促成栽培。

图3-29　京御香

7. 京怡香

京怡香（图3-30）是北京市林业果树科学研究院以卡姆罗莎×红颜杂

交育成。

植株生长势强，株形半开张，株高14.5厘米，冠幅24.98厘米×24.21厘米。叶椭圆形、绿色，叶片厚度中等，叶面平，叶尖向下，叶缘锯齿钝，叶面革质平滑、有光泽，叶柄长9.32厘米，单株生叶片10片。花序分歧，低于叶面，两性花。

果实长圆锥形，红色，有光泽。种子黄绿红色兼有，凹于果面，种子分布中等。果肉红色。花萼单层双层兼具，反卷。第一、二级序果平均质量32克，果实纵横径5.92厘米×4.14厘米，最大果重62克，风味酸甜适中，有香味。可溶性固形物含量为8.0%，维生素C含量为0.746毫克/克，还原糖为4.1%，可滴定酸为0.64%。

适栽区：已推广至北京、河北等地，适合促成栽培。

图3-30　京怡香

8. 京醇香

京醇香（图3-31）是北京市林业果树科学研究院以优良品系01-12-15×鬼怒甘杂交育成。

植株生长势强，株形较直立，株高15.99厘米，冠径29.60厘米×24.98厘米。叶圆形、绿色，叶片厚度中等，叶面平，叶缘锯齿钝，叶面革质粗糙、有光泽，叶柄长10.6厘米，单株生叶片7片。花序分歧，两性花。

果实圆锥形，橙红色，有光泽。种子黄绿红色兼有，平于果面，种子分布中等。果肉橙红色。花萼单层双层兼具，主贴副离。第一、二级序果平均质量28.2克，果实纵径5.24厘米×3.92厘米，最大果重54克，风味酸甜适中，有香味。可溶性固形物含量为8.9%，维生素C含量为0.847毫克/克，还原糖为5.2%，可滴定酸为0.68%。

适栽区：已在北京、河北等地试栽，适合促成栽培。

图3-31　京醇香

9.天香

天香（图3-32）是北京市林业果树科学研究院以达赛莱克特×卡姆罗莎杂交育成。

植株生长势中等，株形开张，株高9.92厘米，冠径17.67厘米×17.08厘米。叶圆形、绿色，叶片厚度中等，叶面平，叶尖向下，叶缘粗锯齿，叶面质地较光滑、光泽度中等，叶柄长6.6厘米，单株着生叶片13片。花梗中粗，低于叶面，单花序花数9朵，单株花总数27朵以上，两性花。

果实圆锥形，橙红色，有光泽。种子黄绿红色兼有，平或微凸于果面，种子分布中等。果肉橙红色。花萼单层双层兼有，主贴副离。第一、二级序果平均果重29.8克，果实纵横径6.16厘米×4.37厘米，最大果重58克。外观评价上等，风味酸甜适中，香味较浓。可溶性固形物含量为8.9%，维生素C含量为0.660毫克/克，总糖为5.997%，总酸为0.717%，果实硬度为2.191千克/厘米^2。

该品种适合促成栽培。

图3-32　天　香

10.燕香

燕香（图3-33）是北京市林业果树科学研究院以女峰×达赛莱克特杂交育成。

植株生长势较强，株形较直立，株高9.6厘米，冠径18.7厘米×19.3厘米。叶圆形、绿色，叶片厚度中等，叶面平，叶尖向下，叶缘粗锯齿，叶面质地较光滑、光泽度中等，叶柄长6.5厘米，单株着生叶片9片。花序分歧，低于叶面，单花序花数9朵，单株花总数27朵以上，两性花。

果实圆锥或长圆锥形，橙红色，有光泽。种子黄绿红色兼有，平或凸于果面，种子分布中等。果肉橙红色。花萼单层双层兼具，主贴副离。第一、二级序果平均质量33.3克，果实纵横径4.87厘米×4.13厘米，最大果重54克。外观评价上等，风味酸甜适中，有香味。可溶性固形物含量为8.7%，维生素C含量为0.728毫克/克，总糖为6.194%，总酸为0.587%。

该品种适合促成栽培。

图3-33　燕　香

11. 书香

书香（图3-34）是北京市林业果树科学研究院以女峰×达赛莱克特杂交育成。

植株生长势较强，株态较直立，株高13.09厘米，冠径33.7厘米×28.7厘米。叶椭圆形、绿色，叶片厚度中等，叶面平，叶尖向下，叶缘锯齿尖，叶面质地粗糙、有光泽，叶柄长9.93厘米，单株着生叶片33片。花序分歧，低于叶面，单花序花数3朵，单株花总数36朵，两性花。

果实圆锥形或楔形，红色，有光泽。种子黄绿红色兼有，平于果面，种子分布中等。果肉红色。花萼单层双层兼有，主贴副离。第一、二级序平均果重24.7克，果实纵横径5.25厘米×4.35厘米，最大果重76克。外观评价

图3-34　书　香

上等，风味酸甜适中，有香味。可溶性固形物含量为10.9%，维生素C含量为0.492毫克/克，总糖为5.56%，总酸为0.52%，果实硬度为2.293千克/厘米^2。

适栽区：已推广至俄罗斯远东地区，适合促成和半促成栽培。

12. 冬香

冬香（图3-35）是北京市林业果树科学研究院以卡姆罗莎×红颜杂交育成。

植株生长势强，株形半开张，株高14.06厘米，冠径26.42厘米×24.35厘米。叶圆形、绿色，叶片厚度中等，叶面平，叶尖向下，叶缘锯齿钝，叶面革质平滑、有光泽，叶柄长9.45厘米，单株着生叶片12片。花序分歧，高于叶面，单花序花数9朵，单株花总数54朵，两性花。

果实圆锥形或楔形，红色，有光泽。种子黄绿红色兼有，平于果面，种子分布中等。果肉红色。花萼单层双层兼具，主贴副离。第一、二级序果平均质量40.5克，果实纵横径6.24厘米×4.46厘米，最大果57克，风味酸甜适中，有香味。可溶性固形物含量为9.8%，维生素C含量为0.631毫克/克，总糖为4.97%，总酸为0.65%。

该品种适合促成栽培。

图3-35　冬　香

13. 粉红公主

粉红公主（图3-36）是北京市林业果树科学研究院以章姬×给维塔杂交育成。

植株生长势较强，株形半开张，株高14.9厘米，冠径23.6厘米×24.1厘米。叶圆形、绿色，叶片厚度0.61毫米，叶面平，叶缘锯齿钝，叶面质地革质粗糙、有光泽，叶柄长10.6厘米，单株着生叶片4.4片。花序分歧，低于叶面，两性花。

果实圆锥形或楔形，粉红色，有光泽。种子绿红色兼有，平于果面，种子分布中等。果肉橙黄。花萼单层双层兼有，主贴副离。第一、二级序果平均果重20.5克，果实纵横径5.68厘米×4.32厘米，最大果重43克。甜多酸少，有香味。可溶性固形物含量为10.4%，维生素C含量为0.589毫克/克，还原糖为4.25%，可滴定酸为0.625%，果实硬度为1.4千克/厘米^2。

图3-36　粉红公主

适栽区：已在北京、河北、山东等地试栽，适合促成栽培。

14.红袖添香

红袖添香（图3-37）是北京市林业果树科学研究院以卡姆罗莎×红颜杂交育成。

植株生长势强，株形半开张，株高12.96厘米，冠径28.37厘米×26.63厘米。叶圆形、绿色，叶片厚度中等，叶面平，叶尖向下，叶缘锯齿钝，叶面革质平滑、有光泽，叶柄长9.4厘米，单株着生叶片11片。花序分歧，低于叶面，单花序花数6朵，单株花总数56朵，两性花。

果实长圆锥形或楔形，红色，有光泽。种子黄绿红色兼有，平于果面，种子分布中等。果肉红色。花萼单层双层兼具，主贴副离。第一、二级序果平均质量50.6克，果实纵横径6.08厘米×4.46厘米，最大果重98克，风味酸甜适中，有香味。可溶性固形物含量为10.5%，维生素C含量为0.485毫克/克，总糖为4.48%，总酸为0.48%。

该品种适合促成栽培。

图3-37　红袖添香

15.艳丽

艳丽（图3-38）是沈阳农业大学以08-A-01×枥乙女杂交育成。

植株生长势强，株形半开张，株高约20厘米，冠径28厘米×22厘米。叶片较大，革质平滑，第三片叶中心小叶长×宽为7.5厘米×6.6厘米，叶圆形、深绿色，叶片厚，叶面平，叶缘锯齿钝，叶柄长13厘米，单株着生9～10片叶。二歧聚伞花序，平于或高于叶面，花序梗长度约29厘米，花梗长约13厘米，粗度中等，单株花数10朵以上，两性花。

果实为圆锥形，果形端正、漂亮，果面平整，鲜红色、光泽度强，外观评价上等。种子黄绿色，平或微凹于果面，种子分布中等。果肉橙红色，髓心中等大小，橙红色，有空洞。果实萼片单层，反卷。在日光温室促成栽培或半促成栽培条件下，第一级序果平均单果重大于43克，大果重66克。果实汁液多，风味酸甜，香味浓郁，可溶性固形物含量为9.5%，总糖7.9%，可滴定酸为0.4%，维生素C含量为0.630毫克/克，果实硬度为2.73千克/厘米^2，耐贮运。

图3-38 艳 丽

16. 宁玉

宁玉（图3-39）是江苏省农业科学院果树研究所以幸香×章姬杂交育成。

植株半直立，长势强，株高12～14厘米，冠径26.8厘米×27.2厘米。匍匐茎抽生能力强。叶片绿色、椭圆形，长7.9厘米、宽7.4厘米，叶面粗糙，叶柄长9.3厘米。花冠径3.0厘米，雄蕊平于雌蕊，花粉发芽力高，授粉均匀，坐果率高，畸形果少。平均花房长12.9厘米，分歧少、节位低，每花序10～14朵花。

果实圆锥形，果个均匀，红色，果面平整，光泽度高。果基无颈无种子带，种子分布稀且均匀。果肉橙红，髓心橙色，味甜，香浓，可溶性固形物含量为10.7%，总糖为7.384%，可滴定酸为0.518%，维生素C含量为0.762毫克/克，硬度为1.63千克/厘米^2。果大丰产，第一、二级序平均单果重量24.5克，最大52.9克，亩产量一般达2 212千克。

图3-39 宁 玉

17. 妙香7号

妙香7号（图3-40）是山东农业大学以红颜×甜查理杂交育成。

该品种为暖地品种，果实圆锥形，平均单果重35.5克，果面鲜红色、富光泽、平整。果肉鲜红、细腻，香味浓郁，髓心小、橙红色。种子分布均匀，黄绿红色兼有，稍凹于果面，第一级序果平均质量85.1克，各级序果平均重量35.5克，平均亩产3 427千克。可溶性固形物含量为9.9%，糖酸比为10.5，维生素C含量为0.77毫克/克，果实硬度为0.68千克/厘米^2。抗病性能上显著低于红颜和甜查理。

图3-40 妙香7号

18. 申琪

申琪（图3-41）由上海市农业科学院林果所草莓组以红颜和章姬杂交选育而成，2017年通过上海市作物新品种审定。

果实早熟性好。果实长圆锥形或长窄楔形，大而饱满，品质优秀。果面颜色鲜红有光泽，果肉深红色、多汁、丰产，第一、二级序果平均单果重26克以上，果形圆整一致性佳。设施栽培中，可溶性固形物含量10.5%～13.0%。抗炭疽病和灰霉病上显著优于红颜、章姬。

2016年以来，此品种在上海市农业科学院基地开始一定面积的试种植和栽培示范，平均亩产量在3 000千克以上。

19.海丽甘

海丽甘（图3-42）由上海市农业科学院林木果树研究所草莓组以甘王和章姬杂交选育而成，2017年通过上海市作物新品种审定。果实长圆锥形或长楔形，整齐度高。果面深红色富有光泽，着色均匀一致。果肉鲜红多汁，香气浓郁丰产。第一、二级序果平均单果重28克以上，适合鲜食。

该品种较抗白粉病，抗病性显著优于甘王和章姬。

2017年开始在上海农业科学院青浦草莓示范基地进行试种，表现良好。

图3-41　申　琪

（图片来源：上海市农业科学院高清华老师）

图3-42　海丽甘

20.小白

小白（图3-43）由红颜变异选择而来，其果皮呈粉白色，果实甜蜜，具有清香气味，具有黄桃的味道，糖度在14度左右，平均单果重41.2克，口感颇佳，是优质的鲜食品种。果实前期12月至翌年3月为白色或淡粉色，4月以后随着温度升高和光线增强会转为粉色，果肉为纯白色或淡黄色。口感香甜，入口即化，果皮较薄，充分成熟果肉为淡黄色，吃起来有黄桃的味道，可溶性固形物含量达14%以上。该品种表现生长旺盛，果大品质优，丰产性好，抗白粉病能力较强，是一个理想的鲜食型的优良品种。

图3-43　小　白

二、结语

我国是全球最大的草莓生产国和消费国，但由于草莓科研与产业发展落后于欧美和日本等，导致主栽品种仍以国外引进为主。然而，国外品种并不能满足我国不同区域产业发展的需求，近年来随着草莓市场的多元化发展和产业的转型升级，各地政府和科研单位对草莓育种日益重视，已经呈现出了百花齐放、百家争鸣的发展态势。京藏香、京泉香、宁玉、红玉、艳丽、妙香7号、越秀等国产品种受到产业和市场的欢迎，在中部老产区和西部新产区具有一定份额。随着国产草莓品种的研发和筛选逐渐崭露头角，国内各地区繁育的国产品种会逐年增多，并在品牌化道路上取得创新和突破。

（钟传飞，王桂霞，常琳琳，张运涛，董静）

第三节　草莓营养及品质评定标准

草莓是一种原产自南美洲的草本浆果，广泛分布于欧美及亚洲地区，我国华北、华东、华南地区均有种植。草莓气味香甜、口感细腻、多汁且纤维少，酸甜适度，被誉为"水果皇后"，含有丰富的维生素C、维生素A、维生素E、B族维生素、胡萝卜素、鞣酸、天冬氨酸、铜、草莓胺、果胶、纤维素、叶酸、铁、钙、鞣花酸与花青素等营养物质。其中，胡萝卜素与维生素A，可缓解夜盲症，具有维护上皮组织健康、明目养肝、促进生长发育之效。同时，草莓富含丰富的膳食纤维，可促进胃肠道的蠕动及胃肠道内的食物消化，改善便秘，预防痤疮、肠癌的发生。所以，草莓一直以来都是市场追逐的高端水果之一。

目前全世界草莓的品种有2 000多种，而且新的品种还在不断的繁育中，如何评定什么样的草莓是好草莓呢？从种植方到客户每一类群体的具体要求都不同。

一、优质草莓的评判标准

总结起来，优质草莓的评判标准涵盖抗病能力、外形均一度、成熟期早晚、硬度大小、风味指标、营养元素及功能、产量等几个方面。下面分别予以详述：

1.抗病能力

草莓在种植过程中难免会遇到病虫害，常见的有：炭疽病、白粉病、灰霉病、青枯病、黄萎病、红心根腐病、草莓叶枯病、叶螨、蚜虫、蓟马、烟粉虱、成虫蜗牛等。病虫害多会直接影响草莓的产量及品质，并最终降低其商品性。除了在种植管理过程中做到精细科学外，选择脱毒苗和具有抗病能力强的草莓品种也很重要。草莓种植从选苗开始就应关注其抗病能力，好的草莓品种在抗白粉病、炭疽病、灰霉病等方面具有良好的表现，有助于减少药剂使用，进而大大降低人工成本，所以优质草莓品种的选择非常关键。

2.外形均一度

外形均一是草莓商品果的首选标准。外形健康标准、果形好、大小匀称、颜色均匀的果实更适合包装和销售。国内草莓主要产区集中在安徽、浙江、四川、辽宁等地，这些主产区的草莓往往在草莓旺季时运送到全国各地的生鲜超市，为城市居民提供新鲜草莓。但草莓属于浆果类水果，极其怕磕碰挤压，保鲜时间也较短，最好用特制包装运输防止挤压，大小最好能均匀，以方便后期运输，提高商品果率。图3-44为定制的草莓包装盒。

图3-44　定制草莓包装盒及均匀一致的草莓果实

3.成熟期早晚

草莓一直是市场的宠儿，而且草莓价格一直不便宜，尤其早春时节的草莓有"早春第一果"之称。货架期正值寒冬与春季更新交替时节，又逢西方圣诞节、元旦、春节、西方情人节、元宵节等节日，消费者的购买意愿强烈，且该时段市场上其他水果相对较少，此时草莓进入成熟期上市后，会给果农带来很好的收益。另外，草莓生长对温度要求严格，气温超过30℃时，草莓生长会受抑制，口感也会较差。所以，草莓成熟早口感好，经济收益也较高。

4.硬度大小

草莓果肉的硬度决定其口感及贮运性能。草莓属浆果类水果，怕磕碰挤压，同时，草莓从棚里采摘装箱到生鲜超市往往还要经过二次搬运，所以运输一直是限制草莓销售的关键问题。早春草莓尽管上市时间早，营养价值丰富，还有一定的保健功效，酸甜美味，但果肉总体偏软不适合长途运输。而近几年市场上出现的部分新品种在贮存时间和果肉硬度上都有提高，更适于进入市场销售。同时需要注意的是，对草莓进行包装时留的空隙不要太大，以防止碰撞破损（图3-45、图3-46）。

图3-45　硬度计　　　　　　　　图3-46　硬度适中的草莓

5.风味指标

风味指标包括甜度、酸度、糖酸比和香味等。风味好的草莓果实香气浓郁、口感酸甜适中。草莓浆果中含有的天然醇类和酚类成分，清新自然，芬芳甜美，有缓解人类精神紧张、令人愉悦，甚至安神的功效，所以好品质的草莓，香气和甜美的口感缺一不可。

以日系草莓品种为例：红颜糖度10.4，酸度0.66，糖酸比为13.9；章姬糖度10.1，酸度0.57，糖酸比为17.7；香野糖度10.5，酸度0.54，糖酸比为19.9；枥乙女糖度10.7，酸度0.65，糖酸比为13.9。目前日本市场上最受欢迎的品种以枥乙女为主。一般来说，糖酸比在10以下的草莓偏酸，可食性较差，更适于加工果酱等；糖酸比在11 ~ 13的果实酸中带甜，比较适合鲜食；糖酸比在14 ~ 17的果实甜中带酸，非常适合鲜食；糖酸比在18以上的果实纯甜，吃完可能会觉得喉咙不舒服发干，不适合多吃。草莓的甜度从果尖到果根甜度也不一样（图3-47）。

6.营养元素及功能

草莓果实营养丰富，具有很好的保健抗癌功效。草莓果实富含维生素C、

图片颜色仅为示意，非真实草莓颜色

颜色由深至浅，颜色越深，代表草莓糖酸比度越高口感越甜。

图3-47 草莓糖酸比分布示意图

果糖、果酸、胡萝卜素、氨基酸、钙、磷、铁、钾、锌、黄酮类、草莓胺、果胶叶酸等物质，对儿童生长发育和老年人健康很有益。果实中所含的维生素C有帮助消化的功效；胡萝卜素是合成维生素A的重要物质，具有明目养肝的作用；鞣酸在体内可吸附和阻止致癌化学物质的吸收，具有防癌作用；天冬氨酸可以自然平和的清除体内的重金属离子。草莓对胃肠道和贫血均有一定的滋补调理功效，除可以预防维生素C缺乏病外，对防治动脉硬化、冠心病也有较好的疗效。草莓还可以巩固齿龈，清新口气，润泽喉部。

7.稳定的产量

农产品的产量直接影响果农的种植收益，草莓也不例外。稳定的产量对市场价格也有良好的引导作用，有利于草莓在市场流通环节中获得良好的表现。由于消费者对其喜爱程度高的产品是有依赖性的，进而产生持续购买行为。因此，除了口感等必需的品质因素外，草莓产量和货源的稳定也是草莓行业得以良性循环的一个重要因素。产量不稳，价格忽高忽低，将会直接影响草莓商品果的流通性。

二、结语

本节从草莓的抗病能力、外形均一度、成熟期早晚、硬度大小、风味指标、营养元素及功能和产量这7个方面分别阐述了优质草莓的品质要求。在众多影响因素中，合适的糖酸比（决定口感的核心因素）仍然是影响消费者购买草莓的核心要素。在草莓的购买消费群体中，"80后"和"90后"群体正迅速成长为推动草莓消费增长的新生力量。随着消费需求的升级，未来草莓种植面积和产量增速会趋缓，相对过剩、同质化的普通草莓果品价格缺乏上涨支撑，滞销风险较大；而相对短缺的优质、特色草莓果品价格将持续走高，因此优质草莓生产在未来将有较大的发展空间。草莓生产需要从"颜值"、质量安全、风味等多个环节进行把关，并借助互联网平台渠道和发展采摘观光农业的途径，抢占品质消费的制高点。

（杨晓峰，于梁，高清华）

第四章 | CHAPTER4

草莓种苗标准与基质生产

第一节 优质草莓种苗的判断标准

草莓种苗质量的好坏直接影响草莓的产量和品质，培育优质的种苗是草莓优质丰产的必要前提，所以在种植草莓前必须把握好种苗的标准。不同栽培设施和种植时间对种苗的要求也有所不同。下面以北方日光温室促成栽培草莓的种苗标准为例。

一、种苗的划分标准

1. 裸根苗

草莓的短缩茎粗度为0.8～1.2厘米，有4～5片功能叶片，叶片颜色为深绿色，无机械损伤和病虫害危害。叶柄长度根据品种差异有所不同，一般为8～15厘米，如果叶柄过长，苗徒长，不利于成活，缓苗时间加长。成熟次生根（根系发黄为成熟的标准）有10条以上，须根发达，整个植株无病虫害，草莓植株鲜重30克左右。好的种苗还要有健壮、明显的生长点（苗心）。在草莓苗分级过程中，要遵循大小相对分级，没有一个固定的标准，一般是草莓的新茎粗度在0.8厘米以上的为一级，0.6～0.8厘米的为二级，0.4～0.6厘米的为三级，低于0.4厘米的草莓植株不适宜在温室促成栽培。在生产实践中，草莓新茎为0.6～0.8厘米时，成活率最高，缓苗后草莓苗生长也很快（图4-1）。

图4-1 裸根苗

2. 基质苗

根系生长在基质中的草莓种

苗，包括基质槽苗（图4-2）、穴盘苗（图4-3）、营养钵苗（图4-4）、纸钵苗。

基质苗的划分标准除遵循裸根苗的划分标准外，还要注意苗龄的长短。一般来说，一类苗的苗龄在50～60天，二类苗的苗龄在30～40天或60～80天，超过80天的或低于30天的为三类苗。基质苗的苗龄太长，草莓根系老化相对严重，很容易在草莓生产后期出现跳根现象。

图4-2　基质槽苗

图4-3　穴盘苗

图4-4　营养钵苗

二、种苗选择

生产中实际的划分标准也是因人和栽培习惯不同而有所差异。在高架基质栽培中可以根据种植经验和种植时间来选择不同的种苗。例如种植经验丰富的农户可以选择裸根苗定植，另外种植时间较早的农户也可以采用裸根苗种植，这样草莓苗后期根系发达，不容易早衰，草莓的产量相对也高；对于种植经验不足的新手可以选择基质苗，基质苗容易成活，缓苗时间较短，好管理。

无论何种草莓种苗，种苗大小分级是草莓定植的关键环节，大小苗分开种植便于后期的管理。

基质苗缓苗时间短，管理不好生产后期易发生早衰；裸根苗缓苗时间长，但后期不易发生早衰。在二者的选择上还要因栽培条件和栽培水平因人而异，一般基质栽培选用裸根苗，土壤栽培选用基质苗。

（周明源，路河）

第二节　草莓栽植基质的制备与加工

基质是草莓基质化育苗与栽培的基础条件，基质配方的准确与加工的标准化是基质产品生产的关键。标准化的基质加工与检测技术可为企业加工生产出标准、科学、合理的基质产品提供全面的技术支持。

草莓育苗或栽培专用基质加工的优势在于原料的规模化制备和标准化的工业加工生产流程。通过对无害化处理后的原料进行化验分析，确定适合不同品种的营养配方、黏结配方及保水配方。经小试加工生产后，进行田间试验。在不断完善和提高加工技术水平及优化设备的基础上，采用自动布料连续化加工工艺流程进行生产。

从工艺流程图（图4-5）可以看出，生产过程第一步是对农业有机废弃物进行筛选及化验，再进行无害化处理。这个过程的主要目的是使有机物充分分解、熟化，并加入一定的调理剂。除去对作物生长不利的还原成分，并通过粉碎分选，进行合理的颗粒级配。除去过多灰分和大块体，使物料的粒级大小一致，理化性质均一。再干燥至含水量<20%，达到复混加工的工艺技术标准要求。第二步，根据不同种类作物育苗的要求进行辅料配方的设计，辅料虽然只占主料的1%～2%，但却是产品的核心关键，必须进行育苗或栽培试验进行配方筛选，只有试验成功的配方才能进行小试加工生产。主辅料进行混配前，辅料需进行扩大化，以达到混配均匀的要求。第三步是将主料与辅料按比例投入混合装置，进行充分混匀。混配的要求：①要各种材料混合均匀，尤其是主辅料的均匀；②保持有机物料纤维的完整性，纤维破碎度降到最低的水平。之后混配的中间料再进入振动筛进行筛分处理，筛上物重新返回粉碎机，粉碎后进入生产流程，筛下物为基质产品。抽检合格后，基质经传送带进入自动容积灌装机，进行包装封口。包装好的基质进入成品库房存放。

总结整个生产工艺流程，主要有以下技术特点：

（1）工艺流程连续化、规模化，生产效率高，产品质量均一。

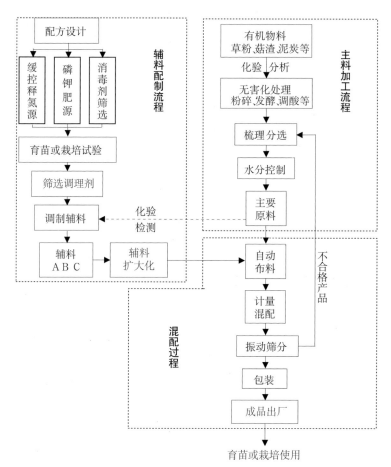

图4-5 草莓育苗或栽培专用基质加工工艺流程

（2）原料来源广泛，充分利用农业有机废弃物，利于循环农业发展。

（3）设备易于购买与加工制造，操作简单。

（4）根据辅料配方与主料材料的不同，随时调节混配比例，可以生产各种规格与类型的专用基质，可因地制宜调节生产。

（5）质检不合格的产品可重新加工利用，没有废品出厂，属于无污染零排放生产工艺。

一、基质加工厂的基本条件

生产草莓育苗或栽培专用基质的加工厂应建设在原料产地附近，周边无草场、荒地，交通便利、远离工矿企业，不受到粉尘、废水、废气等的污染，因为任何污染物都有可能对种苗的发芽生长造成不利影响，进而导致育苗失败。一个完整的草莓育苗或栽培专用基质加工厂至少应包括原料无害化处理场、晾晒场、原料库房、拌料车间、包装车间和成品库房等功能区。刚进场的生产原料一般含水量较高，露天存放即可，应贮存在地势较高、降雨可排、不积水的场地。原料堆放时应用防雨布遮盖，防止淋雨与杂草滋生。原料无害化处理场最好建设成钢架结构的大棚，既能有效通风又可防止雨淋，主要用于原料的粉碎、发酵处理。用于产品加工的原料体积大、存放期长，应根据生产计划备足全年生产的原料。原料复混、包装过程中可能产生较多的粉尘，因此加工车间需要通风除尘，并注意防火。草莓育苗与栽培时期都有一定的季节性，这给产品的销售带来淡季和旺季的差异，因此需要在使用旺季到来之前生产出足够数量的产品，所以成品仓库的面积也应充足。

二、原料选择与处理

1.原料选择

加工草莓育苗或栽培专用基质的原料应为疏松多孔，通气性好，吸水力强，盐分含量低，富含有机质，弱酸性或中性，离子交换能力和盐分平衡控制能力强，理化性能稳定，无病菌、虫卵和杂草种的材料。农业有机物质中可选择经过无害化处理的秸秆、炭化稻壳、菌渣、糠醛渣、蚯蚓粪等，也可选择园林废弃物粉碎后处理成的草粉（图4-6）。选择原料时要本着符合当地特点、节省成本的原则。可以由一种或几种材料复合而成。原料使用前应先进行分析检验，分析指标主要有：容重、持水量、吸水膨胀率、孔隙度、灰分含量、电导率、含盐量、酸碱度、有机质含量、腐殖酸含量、阳离子交换量和养分含量等。

图4-6　草莓栽培基质的主要原料
A.园林废弃物　B.菌渣　C.蚯蚓粪

以农业有机物为主要加工原料时，要对原料进行无害化和基质化处理。无害化处理是把有机废弃物在适宜的设备中采用适当的工艺进行堆腐和发酵，主要利用多种微生物的作用，将有机残体进行矿质化、腐殖化和无害化，使各种难溶的有机态的养分转化为可溶性养分和腐殖质，同时利用堆积时所产生的高温（60 ~ 70℃）来杀死原材料中的病菌、虫卵和杂草种子，达到无害化的目的。应建设无害处理专用的发酵车间，配备相应的处理设备、选择出合适的调理剂和微生物菌剂，同时建立原料腐熟度的监测指标。农业有机物堆肥化与基质化过程的区别在于前者的有机质分解更为彻底，后者应更多地保留植物纤维以达到通气透水的目的；二者使用的场地与设备可以相同，但发酵工艺不相同。

2.基质原材料化学消毒

基质加工主要原材料存放时间较长时（30天以上），需对其进行化学消毒，消毒药剂为福尔马林（40%的甲醛溶液）。

场地消毒：对基质生产的场地进行消毒，可用福尔马林稀释50 ~ 100倍液，对场地和加工工具进行喷雾消毒，每2 ~ 3天消毒1次。

草炭及有机废弃物材料消毒：基质原料大规模进场时，可用福尔马林稀释15倍液进行消毒。消毒方法为原料在堆放过程中每平铺30厘米厚度，喷洒1次15 ~ 20倍福尔马林稀释液，喷洒后马上覆盖上层原料，达到密闭的效果。福尔马林用量为每100米^{3}原料使用25千克，消毒剂成本控制在每立方米7 ~ 8元。原料在使用时，需事先摊开、打散，曝晒2天以上，直至基质中没有甲醛气味方可使用。

注意：利用甲醛消毒时由于甲醛有挥发性强烈的刺鼻性气味，因此在操作时，工作人员必须戴上口罩做好防护性工作。

3.基质原料检测标准

一般用于草莓育苗或栽培专用基质加工的原料应达到以下标准：含水量<35%，灰分含量<35%、分解度20% ~ 30%，容重0.3 ~ 0.5克/厘米^3，氧化还原电位值（Eh）为200 ~ 600毫伏，持水量>400%，1 ~ 3毫米颗粒级配＞50%、蛔虫卵死亡率≥95%、粪大肠菌群数≤100个/克。

三、辅料配方要求

一个完整的配方要具备营养、调酸、保水、黏结和膨胀功能，配方的营养功能要达到全面、充足、平衡、长效的要求。虽然草莓在苗期吸收养分的绝对量很少，但合理的养分供给是培育优质健壮种苗的基础条件。根据应用范围不同，可以将营养配方分为普通型、缓释型和有机型。普通型配方以普通化学肥料为原料进行调配，养分供应期较短，适合育苗期较短的普通作物；缓释营养型配方以缓控释肥料为营养配方，养分释放期长，适合多类作物和育苗期较长的作物，其特点是养分浓度大但不烧苗，不仅提供苗期养分，也可为作物生长前期提供营养；有机型配方是以有机肥料为营养配方，主要适用于有机草莓的育苗使用。

草莓专用基质辅料配方不应是一成不变的，应根据对原料的化验结果来确定。不同产地、不同批次的原料应采取不同的配方，以确保基质的养分、酸碱度等特性均匀一致，保证幼苗生长发育均衡。此外，不同品种对营养元素的需求有所差异，配方也应随之有所差异。

加入辅料后的基质应达到以下标准：电导率（EC）≤0.08西/米、pH5.5～6.8，有机质含量≥40%，腐殖酸含量>15%，碳氮比（15～25）∶1，N+P_2O_5+K_2O含量≥3%，Ca+Mg+S含量≥120毫克/千克，B+Cu+Zn+Mn+Mo+Fe含量≥15毫克/千克。

四、主要加工设备

草莓专用基质的加工设备主要包括：粉碎设备、筛分设备、混拌设备和灌装设备。

粉碎设备是将大颗粒的原料粉碎成小颗粒，以使原料中的主要部分适合混拌或堆肥的需要。粉碎机可采用锤式粉碎机，在粉碎泥炭等纤维易碎的原料时可把锤片更换为钢筋棒以降低原料的破碎率。

筛分设备是将粉碎后的原料按不同颗粒大小进行分选，以去除较大或过细的颗粒。实践表明，基质中5毫米以上的颗粒过多会使基质失水过快，根系不易生长；基质中纤维过细，通气性变差，根系也难以生长，因此原料过松或过细均会导致产品质量不合格。筛分设备可选用电机振动筛或滚动筛，筛分效果与效率都比较高。

混拌设备主要完成主辅料的混拌，因为辅料仅占主料的1%～2%，必须做到混拌均匀，这也是保证产品质量的关键因素。混拌机可采用垂直螺旋推进混拌机、卧式干粉搅拌机或双轴桨叶式混合机。无论是何种混拌机，在进行混拌时都会对主料产生一定的粉碎作用，因此要严格控制混拌的时间。

灌装设备主要完成基质成品的包装，最好采用自动灌装机。需要指出的是，基质一般采用体积单位进行计量，应采用体积灌装机，从生产实践看应选用自动灌装机，以提高工作与包装的效果。

五、连续化生产线的设计

草莓专用基质加工应采用连续化生产线设计，可实现连续进料、自动配料、自动包装，保证基质配料的均一性与稳定性及产品的标准化。生产能力可达到400米^3/天，生产效率提高近5～6倍。连续化生产设计的原理如图4-7所示。

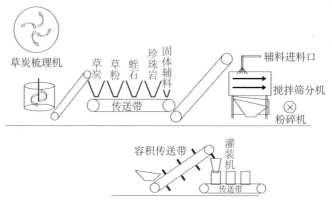

图4-7　基质连续化加工工艺图（立面）

六、产品质量标准

草莓育苗或栽培专用基质的检验标准如表4-1所示。

表4-1　草莓育苗或栽培基质质量检验标准

项　目	检测标准
成品容重（克/厘米^3）	0.4～0.6
含水量（%）	30～35
产品外观	产品膨松，不同物料颗粒混合均匀
总孔隙度（%）	75～85
电导率（西/米）	≤0.08（1:5稀释法）
pH	5.5～6.5

（续）

项　目	检测标准
有机质含量（%）	≥25
腐殖酸含量（%）	≥15
N+P$_2$O$_5$+K$_2$O含量（%）	2～3
N：P$_2$O$_5$：K$_2$O（%）	1：1：1
Ca+Mg+S含量（毫克/千克）	≥120
B+Cu+Zn+Mn+Mo+Fe含量（毫克/千克）	≥15

七、包装与贮存要求

　　加工好的育苗或栽培基质就是不同物料的均匀混合物（图4-8），物理性状疏松，含有30%～35%的水分，容重以0.5克/厘米^{3}左右为宜。育苗或栽培基质应采用涂有塑料膜的编织袋或PE塑料袋包装，每袋装基质40升或50升，可装填20个草莓专用育苗穴盘。包装好的基质堆成垛保存在阴凉干燥的地方，避免阳光直射（图4-9），一般保质期6个月左右。

图4-8　基质产品的外观

图4-9　基质的包装存放

八、结语

　　基质化育苗与栽培是草莓产业的重要发展方向。育苗与栽培专用基质标准化加工工艺流程与检测标准的建立，有助于产品的规模化与专业化生产，有助于提升基质产品的质量，保障草莓生长发育拥有理想的根际环境条件，避免因基质产品质量不稳定引起的草莓种苗生长不良等问题。

（左强）

第五章  CHAPTER5
草莓育苗技术

第一节　草莓槽式基质育苗技术

草莓育苗过程中的重茬种植病害多及采摘品种的耐热性、抗涝性和抗病性差等因素，直接导致草莓定植后成活率低的问题。将传统的草莓大田育苗方式调整为钢架大棚避雨条件下的槽式基质育苗方式则可以有效提升草莓生产用苗的繁殖系数和壮苗水平。具体操作为在倒梯形育苗槽内填装专用基质，将草莓的匍匐茎苗引压在育苗槽内，基质上铺设滴灌管进行根部灌溉与施肥。用这种方式进行育苗可提高草莓定植成活率，促进其早熟，增加产量与种植收益。

一、草莓槽式基质育苗的技术路线

草莓基质育苗对避雨设施结构选择、环境控制标准以及母株定植、子苗引压、植株控制、水肥药管理、壮苗标准、运输保存、定植方法、栽后管理等多个环节都有具体的技术细节要求。草莓基质育苗的技术路线如图5-1所示。

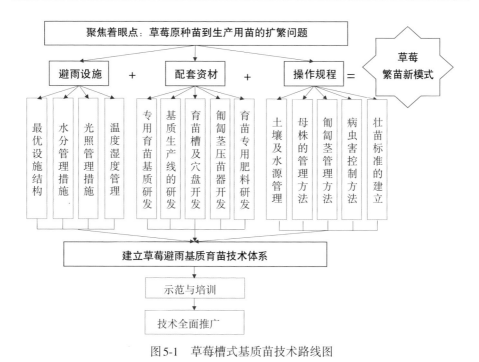

图5-1　草莓槽式基质苗技术路线图

二、草莓槽式基质育苗的设施要求

1.育苗园的建园要求

（1）不受工矿企业影响，土壤、水源、空气无污染。

（2）与栽培田有一定距离，远离病源与虫源。

（3）地势平坦开阔，排水系统良好，确保雨洪不进苗床。

（4）土壤疏松肥沃，水源充足，水质良好。

（5）周边无大树或高大建筑遮挡阳光。

（6）保障电力，交通方便。

2.避雨设施的选择

（1）单体圆拱棚　单体圆拱棚（图5-2）规格：棚长50～80米，宽8米，南北向，镀锌钢架，架管间距0.8米，顶高3.0～3.2米，肩高1.8～1.9米。

（2）连体拱棚　连体拱棚（图5-3、图5-4）规格：棚长50～80米，单跨度6米，肩高2米，顶高3.35米，拱间距0.6米。连体棚间安装天沟，边侧和顶部安装卷膜通风装置、电动遮阳幕帘。连体拱棚的面积较大时应安装引风机与湿帘，有效降低棚室内的温度与湿度。

图5-2 单体圆拱棚

图5-3 连体拱棚外观

（3）**日光温室背棚** 日光温室背部建造半钢架背棚（图5-5），跨度5.5～6.5米，夏季遮阴有利于草莓种苗生长，冬季可提高棚室温度，这种棚体的土地利用率较高。各种类型的育苗棚棚室均应安装可开合的遮阳网来降低棚内温度，并在通风处安装防虫网，阻止昆虫入侵。

图5-4 连体拱棚内部

图5-5 日光温室背棚

3.水肥一体化滴灌系统

采用水肥一体化系统对母株苗与子苗进行滴灌，系统包括施肥罐、过滤器、滴灌管、控制开关等部件（图5-6、图5-7）。

图5-6 基质槽上滴灌带的铺设

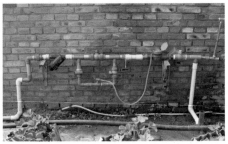

图5-7 灌溉系统首部

三、主要配套农用资材

1.育苗基质

育苗基质主要由草炭、草粉、蛭石、珍珠岩4种主料以及专用育苗营养母剂工业复混而成，产品用编织袋包装。

2.育苗基质槽

草莓育苗基质槽（图5-8）槽底宽50毫米，两个长槽壁上缘距离为70毫米，槽壁与槽底呈99.5°的圆弧形夹角，槽壁上口边缘均有1个向外侧翻出的圆棒状小卷边，卷边的直径为3.6毫米，槽壁上缘到槽底的垂直距离为60毫米，槽底与槽壁形成1个倒梯形结构。经挤压成型工艺生产加工而成，槽长度可以无限延长，运输与使用可以锯成1米或1米的整倍数以方便操作。每槽一般引压20～25株草莓匍匐茎苗。

3.草莓匍匐茎苗引压器

草莓匍匐茎苗引压器包括1个U型臂和1个固定于U型臂圆弧形区外侧的手柄（图5-9）。U型臂的两臂臂长不相等且端部均为尖状，一个臂的长度为38毫米，另一个臂的长度为45毫米，两臂的垂直距离为15毫米。手柄的长度为11毫米，宽为7毫米。以塑料为加工原材料，可工业化批量生产，设计简单、小巧，使用方便省力，对子苗的固定效果很好。使用该草莓匍匐茎苗引压器可以免除繁苗过程中的培土压蔓过程，能有效降低劳动强度。由于引压效果很好，可实现不同批次匍匐苗的分级管理，有效促进子苗长势均一化，大大提高草莓优质苗的产出率，可重复利用5～6年。

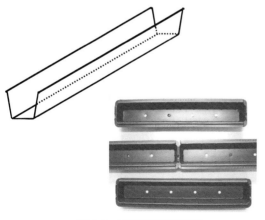

图5-8　草莓育苗基质槽

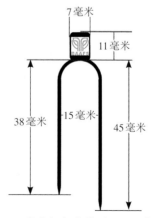

图5-9　草莓匍匐茎苗引压器示意图

四、草莓槽式基质育苗的操作方法

1.育苗布置方法与时间

先在建好的钢架大棚上安装好棚膜、防虫网和遮阳网等设施。北京地区于3月中下旬平整土地，按图5-10～图5-12所示确定好母株位置。标准钢架大棚定植8行母株，其中最外面两侧的为单行，中间6行为双行，行距为30厘米。1行母株的实际种植宽度为1米，可安排4排子苗定植穴盘。母株于3月下旬至4月上旬定植，定植在土壤或基质中，若在土壤中应先进行调酸处理，通常采用添加稀酸或硫黄粉的办法（定植穴内施入硫黄粉或柠檬酸，撒匀即可，用量为50～83千克/亩），并根据土壤肥沃程度施入一定量的有机肥。母株缓苗后，在匍匐茎开始抽出前，布置好穴盘，安装好滴灌带，并填入基质。匍匐茎抽出后，向穴盘方向平行整理，子苗长出2叶左右时，用压苗器将其卡在穴盘的中部。近母株一排的穴盘卡满后，再向外排定苗，每米定植25～30株。

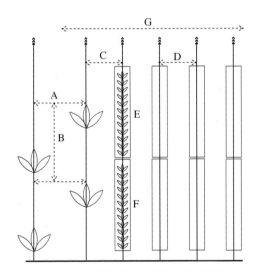

图5-10 母株苗与子苗分布示意图

A.母株与滴灌带行距30厘米 B.母株株距40～60厘米（按品种）

C.母株与首槽子苗间滴灌带距20厘米 D.其他槽间滴灌带距20厘米，滴灌带滴水口间距25厘米 E.育苗穴盘长50厘米，宽10厘米 F.每穴盘插12～13株子苗，株距4厘米 G.每行母株实际宽度100厘米（育苗棚规格为长50米、宽8米、南北向，南北走向定植8行母株，每行母株向外摆放4排育苗穴盘。每个育苗棚需穴盘3 200个，滴灌带2 000米，专用育苗基质8米³，需母株660～1 000株；3月下旬至4月上旬定植，繁殖系数控制在1∶50，8月底出苗，共可培育标准壮苗4万株。）

图5-12　匍匐茎苗的压苗方式

图5-11　母株与子苗的布置方式

育苗时间进度为：3月中旬以前建好钢架大棚，安装好棚膜、防虫网、遮阳网等设施；3月中下旬开始增温、保温、整地、消毒、施肥、作畦、安装滴灌带等；4月上旬栽植母株苗；5月上中旬布置完育苗槽和穴盘；5月中下旬整理匍匐茎，开始压苗；6月中下旬进行施肥及控病防虫工作，继续压苗；7月中下旬去除母株，按压苗顺序整理老叶、断茎；8月上旬停止施肥，停止压苗，继续整理老叶；8月中下旬按压苗顺序出圃、包装、运输、定植。

2. 水分与施肥管理

母株与子苗分别通过滴灌方式进行浇水。草莓是喜酸性作物，适宜生长的pH为5.5～6.5，而北方地区土壤均为弱碱性，水中钙、镁离子含量较高，水质较硬。长期使用这种水进行灌溉，会导致改良后土壤pH的升高，因此要采取措施对灌溉用水进行酸化处理。酸化处理一般采用浓磷酸进行水质调节，既可调酸，又可补充磷肥，操作安全有效。以北京市昌平区地下水为例，磷酸施用量试验结果如图5-13所示。根据试验结果确定的灌溉用水酸化方法为：按每吨灌溉水加入浓磷酸300～450毫升进行酸化，将pH调节至5～6。灌溉量与平常相同，每次灌溉量不宜太多，否则会引起水分下渗，养分淋失，造成浪费。注意加酸时要把浓酸加到水中，充分混匀后使用。

母株成活后应注意补肥，一般20～30天施1次三元复合肥，每次施入5～8千克。子苗扎根后一般20～30天少量补1次三元复合肥，8月后应停氮肥，可适当补磷、钾肥，期间进行打叶、断茎等操作，于8月底出苗。

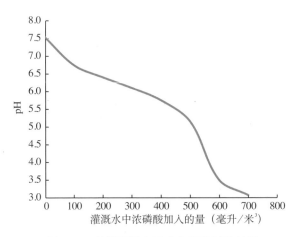

图5-13　草莓灌溉水用酸化调节试验结果

3.草莓基质苗出苗时间与的壮苗标准

8月中下旬种苗可大量出圃，壮苗标准为：适龄原种苗出圃时，成龄叶片4片以上，初生根6条以上；根系均匀舒展，叶片正常，新芽饱满；无机械损伤，无病虫害；根茎粗在0.6厘米以上，苗重在25克以上。

图5-14　出圃时的草莓种苗根系生长状况

起苗前2～3天适当减少浇水。按压苗的顺序从靠近母株端的整排带基质起苗，此时根系在育苗槽内盘成一个整体，取出后也不用打散，带基质进行包装运输（图5-14～图5-16），取出后再去掉老叶、病叶，剔除弱苗以及有病虫害的苗，同品种相同排数的子苗按同级定植。

图5-15　达到标准的生产用苗

图5-16　槽式基质苗的包装运输方式

4.槽苗的定植方法与前期管理要求

定植时先用剪刀把连接的根系断开，定植时做到深不埋心，浅不漏根，草莓弓背朝外（图5-17、图5-18）。基质表面要覆土1厘米，用力压实土壤，减少水分从基质处过快蒸发，要及时浇水，浇水时注意少量多次，并遮阴7～10天，减少水分散失，确保成活。

图5-17 连同基质将根系断开

图5-18 整块定植

5.注意事项

（1）基质育苗不同于大田，属于高效方式，两者不能做类比管理，需更加精细负责，要有专人管理，勤于观察，发现问题及时反馈处理。

（2）基质育苗种苗的密度相对较大，注意通风、透光，注意防治白粉病、红蜘蛛等病虫害。

（3）匍匐茎定植后应及时浇水，基质初次浇水时一定要浇足、浇透，以穴盘底层有少量积水为宜。

（4）由于草莓基质育苗根层较浅，失水较快，养分缓冲能力弱，因此要小水勤浇、小肥勤施，不能怕麻烦而人为调整灌水、施肥频率，否则有失败的风险。

（5）育苗期注意避雨，一定要杜绝雨水进入育苗棚，雨洪浸泡后的幼苗发病率显著提高，定植后的死苗率也会大幅增加。

（6）农事操作事项应及时记载，施工时技术人员应在场指导。

五、草莓槽式避雨基质育苗的优点

与常规露地育苗相比，草莓槽式避雨基质育苗技术表现出明显的优点：

1.方法简便，效率提高

育苗方法简单，易于掌握，能有效克服苗荒。用工量减少，既适合规模化园区育苗，也适合农户进行育苗，单位面积的育苗数量增加，超过5万株/亩，优质苗比例大幅提高（图5-19）。

图5-19　草莓槽式基质育苗现场

2.易于种苗分级

将匍匐茎苗放射状无序生长变成随母株纵向多排有序生长的方式，相同或相近时间生长的幼苗定植在同一排槽内，通过分期分批定苗，保证了生长、管理与取苗的一致性，便于种苗分级，出圃为定植后的统一管理及种苗均衡生长提供方便（图5-20、图5-21）。

图5-20　幼苗按发生顺序进行引压

图5-21　不同排种苗进行分级管理

3.种苗的带病率明显降低

基质育苗技术采用避雨设施和水肥一体化进行水分管理，通过根部滴灌方式给水，有效避免了水分滴溅引起的炭疽病发生概率，病苗率大幅降低（图5-22、图5-23）。

4.基质苗根系发达，花芽分化早，种苗质量高

设施内避雨育苗，光、温易于调控，繁殖系数达到1 :（50～70），炭疽病、蚜虫、杂草等危害明显减少，幼苗健壮、茎粗增加53%，根系发达、种苗质量提高（图5-24）。

图5-22 基质苗与裸根苗根系比较

图5-23 基质苗定植后的缓苗状况

图5-24 基质苗与裸根苗定植后的生长对比

5.缓苗迅速，成活率高、长势整齐，坐果提前

基质苗定植后缓苗迅速，生根快，成活率95％以上，成活后壮苗率88％以上，是常规裸根苗的2倍以上。基质苗长势一致，有整体优势，花芽分化早，能提前20～30天坐果。产量增加20％～25％，优质品率明显提高。

六、草莓槽式基质育苗技术的应用效果

为了验证草莓基质苗定植后的生长效果，以普通裸根苗为对照进行了对比试验。试验分别在北京市昌平区万德园、辛庄村、顺义区沿河特菜基地、房山区韩村河农业技术开发中心进行。试验品种分别为红颜、章姬、皇家御用、万德1号4个品种，主要调查了定植后的成活率、壮苗率及长势情况。

1.不同育苗方式对草莓种苗定植后成活率的影响

草莓苗定植45～60天，调查不同育苗方式草莓的成活率及壮苗率，

具体调查结果见图5-25。通过调查看出，定植后各品种的基质苗，无论是在成活率还是壮苗率指标上，均明显高于裸根苗，其中皇家御用品种的基质苗成活率高出裸根苗35.6%，万德1号、红颜、章姬分别高出30.5%、36.0%、28.0%。四个品种基质苗的壮苗率比裸根苗分别高32.0%、35.7%、51.0%、44.0%。原因在于，基质育的幼苗根系较裸根苗发达，增加了根系与土壤的接触面积，有利于幼苗对养分及水分的吸收，提高幼苗质量，减少缓苗时间，增加移栽后的种苗成活率，缩短缓苗时间，从而在相同时间内增加壮苗数量及壮苗率。

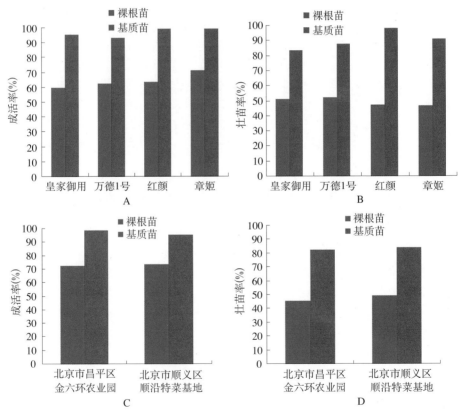

图5-25　不同育苗方式草莓的成活率及壮苗率

A、B的调查地点为北京市房山区韩村河农业开发中心　C、D选用品种为皇家御用

2.不同育苗方式对定植后草莓长势的影响

缓苗时间是影响草莓上市时间及经济效益的重要因素。定植70天后，对草莓长势进行调查，结果见表5-1、表5-2。定植90天后，对草莓长势进

行调查，结果见表5-3。

表5-1中，除叶数和株高外，皇家御用的基质苗各项指标均显著高于裸根苗。万德1号基质苗的株高和茎粗相比裸根苗分别增加12.7%和53.1%，差异达到显著水平。红颜和章姬等传统品种也表现出相同的趋势。表5-2中，另外两个调查点的皇家御用基质苗在茎粗、叶长与叶宽等指标均优于裸根苗。表5-3中，昌平区万德庄园调查点的万德1号品种，除叶厚度指标外，基质苗的各项指标均显著高于裸根苗，其中株高与茎粗分别增加45.8%和29.5%，花柄数平均增加0.5枝，果数平均增加1.4个。调查结果显示，不论是常见品种红颜、章姬，还是新品种皇家御用和万德1号，基质苗在定植后的长势表现明显优于裸根苗。

表5-1　不同育苗方式对定植后草莓生长的影响（北京市房山区韩村河农业技术开发中心）

育苗方式	皇家御用		万德1号		红颜		章姬	
	裸根苗	基质苗	裸根苗	基质苗	裸根苗	基质苗	裸根苗	基质苗
叶数	5.85 a	5.50 a	5.15 a	5.45 a	5.70 a	6.30 a	5.60 a	5.80 a
株高（厘米）	16.50 b	20.60 a	19.25 b	21.70 a	19.60 b	24.75 a	17.60 b	24.95 a
茎粗（厘米）	1.72 b	2.11 a	1.26 b	1.93 a	1.79 a	2.14 a	1.16 b	1.83 a
叶长（厘米）	6.21 b	8.19 a	6.39 b	7.26 a	6.42 b	8.58 a	5.46 b	7.62 a
叶宽（厘米）	4.50 b	5.75 a	4.72 b	5.45 a	4.77 b	6.23 a	3.85 b	5.72 a
叶柄长（厘米）	7.45 b	8.90 a	9.70 b	10.61 a	10.90 b	12.40 a	8.40 b	12.25 a
叶柄粗（厘米）	0.26 b	0.30 a	0.28 b	0.32 a	0.25 b	0.33 a	0.22 b	0.29 a
叶厚（厘米）	0.15 b	0.18 a	0.13 b	0.16 a	0.13 b	0.17 a	0.10 b	0.13 a
冠纵径（厘米）	29.55 b	36.55 a	31.00 b	35.70 a	32.75 b	41.60 a	28.35 b	37.50 a
冠横径（厘米）	24.70 b	31.80 a	23.05 b	31.00 a	26.65 b	34.25 a	21.70 b	32.20 a

注：不同小写字母表示差异显著水平达 $P<0.05$ 。下同。

表5-2　不同育苗方式对定植后皇家御用草莓生长的影响

育苗方式	北京市昌平区金六环农业园		北京市顺义区顺沿特菜基地	
	裸根苗	基质苗	裸根苗	基质苗
叶数	6.10 a	6.15 a	6.20 a	6.30 a
株高（厘米）	20.75 b	23.80 a	15.70 b	17.80 a
茎粗（厘米）	1.69 a	1.82 a	1.59 b	2.01 a

（续）

育苗方式	北京市昌平区金六环农业园		北京市顺义区顺沿特菜基地	
	裸根苗	基质苗	裸根苗	基质苗
叶长（厘米）	7.32 b	8.40 a	9.54 b	10.71 a
叶宽（厘米）	3.52 a	3.55 a	4.35 b	4.90 a
叶柄长（厘米）	6.80 a	7.55 a	9.25 b	12.35 a
叶柄粗（厘米）	0.30 a	0.31 a	0.33 b	0.41 a
叶厚（厘米）	0.13 b	0.16 a	0.14 a	0.15 a
冠纵径（厘米）	35.00 a	38.00 a	25.40 a	28.05 a
冠横径（厘米）	27.60 a	31.40 a	20.70 a	22.70 a

表5-3　不同育苗方式对定植后万德1号草莓生长的影响（北京市昌平区万德庄园）

育苗方式	裸根苗	基质苗
叶数	6.10 b	7.80 a
株高（厘米）	21.95 b	32.00 a
茎粗（厘米）	1.56 b	2.02 a
叶长（厘米）	8.76 b	11.55 a
叶宽（厘米）	3.15 b	5.20 a
叶柄长（厘米）	10.10 b	19.80 a
叶柄粗（厘米）	0.36 b	0.45 a
叶厚（厘米）	0.17 b	0.22 a
冠纵径（厘米）	30.10 b	40.00 a
冠横径（厘米）	20.60 b	30.00 a
花柄数	1.40 b	1.90 a
果数	1.00 b	2.40 a
果柄长（厘米）	15.40 b	23.70 a

七、结语

草莓基质育苗技术的繁殖系数达到1∶（40～70），每亩成苗数量由露地的1万～2万株提升到5万～6万株，幼苗质量好，定植成活率达95%以上，成活后壮苗率88%以上。与普通裸根苗相比，同期培育的基质草莓苗幼苗较为健壮，定植后生根快，缓苗迅速，长势整齐一致，花芽分化早，坐果提前，具有明显优势，是草莓产业的重要发展方向。

（左强）

第二节　草莓高架扦插育苗技术

草莓扦插育苗（图5-26）是草莓基质育苗的一种方式。该育苗方式是在高架育苗的基础上，繁育苗的母株匍匐茎（图5-27）在高架两侧自然下落到地面，将其长出的尚未扎根的子苗与母体分离，扦插在预先准备好的育苗基质上，经培育管理形成壮苗优质苗。北方地区扦插育苗的时间稍早一些，在6月中旬至7月上旬，南方地区扦插育苗的时间稍晚一些，在7月上旬至7月底。草莓扦插育苗时间的选择以定植时苗龄约2个月为宜。

图5-26　草莓扦插基质苗

图5-27 草莓扦插式育苗中自然下落的匍匐茎

高架育苗的土地空间利用率高，每亩定植的母株数约在1 500株，抽生的匍匐茎无根小苗在8万株左右，该方式可增加单位面积的草莓育苗量，由于小苗下垂在槽两侧自然生长，因此大大减少了除草、调整植株等日常管理劳动的投入，降低了人力、物力及管理成本。此外，育苗母株定植在基质槽内进行无土培育，且是离地育苗，有效地避免了连作障碍问题的发生。

一、种植前的准备

1.基质

可选用草莓育苗专用基质（国内很多厂家生产），也可购买泥炭、蛭石、珍珠岩或处理过的椰糠等原料来混配，一定要选择新的基质，基质土最好不要重复使用。笔者进行了为期3年的扦插育苗试验，第一年成活率98%，第二年成活率降至75%，第三年成活率降至50%。混合基质的配比也可根据实际情况进行调整，原料的粒度大小也应考虑。泥炭（V）：蛭石（V）：珍珠岩（V）=2：1：1是生产中较常使用的一个基质配方（图5-28）。

图5-28 草莓专用配方基质

2.栽培架

架材分为基础架及育苗资材。架材用铁架焊接或就地取材毛竹也可以，高度应为1.4～1.6米。日本、中国台湾的自动化程度高，栽培架高度在1.8米左右，有利于培育更多的幼苗。如果低于1.4米，匍匐茎下垂子苗的第二节、第三节就会接触地面，不利于多繁健康的幼苗。H形栽培架的宽度应在

25 ～ 40厘米（图5-29）。

3.栽培槽

栽培架做好以后，配置栽培槽，可以用纱网、无纺布或泡沫栽培槽（图5-30）。

图5-29　草莓扦插育苗的栽培架

图5-30　草莓扦插育苗的栽培槽

二、母株的种植

母株种植时间的选择尤为重要。经过笔者近3年的定向观测发现，南方温室或大棚条件下的种植时间应在春节前后，不能超过3月底；露地种植可稍微晚一些。北方温室或大棚种植时间稍晚一些，在3月底至4月中下旬。双行三角形定植，株距20 ～ 25厘米，行距20厘米左右（图5-31）。

种植时间的重要性在于定植在温室或

图5-31　草莓母株定植

大棚内的种苗，易受外界因素特别是光照因素的影响。3月以后的晴天，大棚或温室内温度很高，此时定植的种苗易出现苗地上部和地下部生长不协调的问题，地上部生长快于地下部时，苗的生长势变差，匍匐茎抽生的子苗少且质量差。

三、田间管理

1.水分管理

种苗定植以后，先浇定根水，要浇透。定植10天内，每1～2天浇1次水；定植10天后，每3～5天浇1次水；定植20天后，根据基质的墒情合理灌溉。

2.肥料管理

定植后20天至5月，会抽发大量新根，此时根据植株生长情况，合理浇灌低浓度的高氮、中磷、低钾、含有微量元素的水溶肥，或浇灌含腐殖酸/氨基酸的液体冲施肥，每7天左右随水冲施1次，促使草莓生长。6—7月，浇灌平衡型的营养液或含有微量元素的平衡型水溶肥。整个草莓生育期，每10～15天喷施1次叶面肥。根据植株生长情况薄肥勤施，以少量多施、以水带肥的原则供应水肥。施肥量的控制，以测定的基质电导率在0.05～0.15西/米范围为宜，基质栽培的施肥量是普通栽培的1/10～1/5。

3.植株管理

定植成活后，4月下旬至5月初应及时摘除全部花枝，减少养分消耗，促进植株营养生长，及早抽生大量匍匐茎。植株整理后应及时喷药，防止病害从伤口侵染。

四、子苗扦插培育

1.扦插时间

南北方稍有差异，总体上会选用2个月苗龄的子苗。根部在40天左右会完全长满穴盘，长时间留在穴盘内会引起根系老化，容易形成小老苗，不利于草莓早熟高产。起苗也不宜过早，在根部尚未发育好之前，地上部生长量不足，早起苗容易散坨，难成壮苗。

2.药剂消毒

剪下的苗子，留3～5厘米长的匍匐茎，去掉大叶，留叶柄，用常规农药如嘧菌酯、噁霉灵、中生菌素、枯草芽孢杆菌进行浸泡，时间为10～15分钟，捞出晾干水分。

3.扦插

各地根据定植时间进行推定，北方地区一般在7月中上旬。穴盘选择32孔为宜，深度10厘米。将剪下的苗大小分开，便于扦插管理。将大苗直接插入基质中，小苗先在蛭石中扦插，15天生根后再移栽入基质内。扦插时，使用育苗叉将苗插入基质中，注意不要埋心叶。扦插后10天应保证空气和基质湿度，并用遮阳网进行遮阳降温。剪取子苗时，两边要各留1.5厘米长的匍匐茎，扦插时将子苗置于穴盘孔中间，预留的匍匐茎用于子苗的固定，并用叉子加固，使子苗形态端正，防止喷水时苗子倒伏。用于扦插的匍匐茎子苗，为提高成活率应现采现插。不能及时扦插的子苗，宜贮存在室温1～4℃、相对湿度75%～80%的冷藏室内。三叶一心的子苗的成活率高。

4.水分管理

扦插时，浇1次透水进行保湿，3天后就有新根长出来；扦插后1周内，2天浇1次水，保持基质湿润；扦插1周后，3～4天浇1次水；扦插15天后5～6天浇1次水；扦插后20～30天时适当控水、蹲苗。

5.肥水管理

扦插后20～30天，以肥带水，浇灌以氮、磷为主的液体肥，促进苗及根部的生长。扦插1个月后，浇灌以磷、钾肥为主的液体肥，促进花芽分化。若长势差，应以氮、磷、钾肥配合叶面施肥促进生长。

6.植株管理

若苗出现旺长现象，可用三唑类农药进行控旺。在条件不好的简易育苗设施内，由于刚扦插的小苗没有根系，风一吹就会把水分吹掉，难以保证湿度，导致苗的成活率很低，基于笔者多年生产实践经验认为，应以通顶风结合定期喷雾的方式来保证室内通气以及空气湿度和草莓基质湿度的适宜。同时，每7～10天开展1次防病虫害管理。

五、结语

草莓高架扦插育苗是从日本引进并迅速发展起来的一种育苗技术，该技术有效解决了传统露地育苗受天气影响大、病害严重、单位面积产苗量低、成苗质量不稳定等问题。目前，限制该技术发展的主要问题是前期构建高架需要较大的投资，中后期管理需要相当的技术积累。光温水肥控制及栽培管理各环节都关系到育苗技术的成败。不过在解决好技术性问题后，高架扦插育苗技术在中等规模种植园有很大的推广前景。

（沈林华）

第三节　草莓穴盘牵引基质育苗技术

草莓常规土壤育苗方式中，匍匐茎幼苗直接扎根于母株周围的土壤中，这种苗在高温多雨季节极易徒长和感染病害，且繁育的种苗成活率低、苗弱、花芽分化质量差、包装运输过程中的死苗率高。与之相比，穴盘基质育苗出苗率高、上市早、出苗整齐、花芽分化早且整齐，易于包装及长途运输。穴盘基质育苗又以穴盘牵引基质育苗最为有效。基于以上原因，在未来，穴盘牵引基质育苗的市场份额占有率会越来越高。

一、草莓穴盘牵引育苗流程

"苗好七分收"，草莓产量的70%是由草莓苗的质量决定的。优质的种苗是决定草莓种植成功的关键。对于每亩投资8万～10万元的基质栽培草莓生产，最好选用穴盘牵引基质育苗技术育出的种苗。

表5-4为草莓穴盘牵引基质育苗的具体流程。其中，育苗抽发匍匐茎的数量与母株遭遇的低温时间有关。一般来说，要求5℃以下的低温时间在500小时左右。图5-32～图5-41为育苗硬件设施及穴盘牵引基质育苗场景图。

表5-4　草莓穴盘牵引基质育苗流程

时　间	流　程
11—12月	准备第二年定植用的母株
翌年1—2月底	母株定植在条形花盆，降低温度让草莓进入休眠
3—4月初	低温管理，以壮苗长根为主
4月	母株定植在条形盆，放在栽培架进行管理
5月	去除4月抽发的匍匐茎，5月出来的匍匐茎开始保留
6月	子苗扦插在穴盘里，开始扎根

图 5-32 土壤整平压实

图 5-33 铺设园艺地布

图 5-34 草莓穴盘育苗架

图 5-35 穴盘育苗架支撑

24孔草莓育苗穴盘

图 5-36 草莓育苗专用穴盘

50厘米长18厘米高15厘米宽的条形盆

图 5-37 草莓牵引育苗架

图5-38　条形盆定植母株（株距20厘米）

图5-39　母株定植后20天

图5-40　每个穴孔1株苗

图5-41　滴灌末端用重物绷紧滴灌带

二、草莓穴盘牵引育苗的注意事项

（1）穴盘容积155毫升，草莓最佳苗龄为55～60天。基质配方为70%椰糠+30%草炭或50%椰糠+30%草炭+20%珍珠岩。配制的基质要求具有较好的通透性。

（2）灌溉方式以滴灌为主，每天1～2次，适当配合应用喷灌方式。由于每个穴孔都是通过滴灌单独供水，一般应选择滴头间距为5厘米或7厘米的滴灌带，滴头间距越小，灌溉越均匀。

（3）安装的栽培架要确保与地面平行，以保障种苗滴灌的一致性，避免出现滴灌引起苗子长势不一的问题。

三、结语

草莓穴盘牵引基质育苗技术是有别于传统土壤裸根育苗的一种新型有效的育苗技术。运用该技术可生产出便于跨区域运输的优质种苗，保障基质栽培草莓规模化、安全高效生产的需要。

（奚展昭）

第四节　草莓异地高山育苗技术

一、草莓异地育苗

草莓长期种植会引起田间病虫害频繁发生、土壤养分严重失衡，导致草莓生长受阻、产量低、品质差。尤其是育苗期发生的炭疽病很难防治，造成育苗困难。

异地育苗在一定程度上可改变草莓苗的栽培土壤环境，弥补草莓生长发育所缺乏的特定矿质养分，进而保障草莓种苗的健康生长。生产实践中发现种植区域和育苗区域分开更有利于草莓健康生长和开花结果。原因可能是近地育苗限制了种苗必需养分的吸收及生长发育，而异地育苗则可以有效规避这一问题。

从生产中观察到的草莓发病情况来看，近地育苗草莓的发病规律和生产田中相似，防治方法相近，草莓植株中的病菌易产生抗性，影响防治效果。同时育苗田中病菌很可能直接带入生产田，引起生产田草莓植株病害的发生。

二、草莓高海拔育苗

1.优点

高海拔育苗是依据海拔高度每上升100米，空气温度随之降低0.6℃的自然规律，利用高山冷凉条件，提升草莓繁殖系数及促进草莓花芽提早分化的一种育苗方法。

常规的草莓高山育苗是选择在海拔800米以上的地区进行，海拔越高，温度降低越明显，越有利于草莓的花芽分化提早完成，使草莓的定植期、始收期提前，从而提升草莓种植的早期收益。高海拔地区，通风性好、光照充足，草莓植株相对比较矮，叶片厚实、根系发达、子苗病害少，因此高山育苗可降低育苗成本，提升幼苗质量，培育优质壮苗。高海拔育苗的草莓，早熟性和结果性状均较好。

2.技术要点

优先选择营养钵培育的优质壮苗。定植时（图5-42）根据当地的天气状况，采用暗水定植天膜覆盖的方法种植。选择较好的天气，在平整土地后，按照1.2米的间距在定植垄上铺设滴管带，待滴孔附近出现明水后，停止浇水，等水下渗到直径超过20厘米，土壤稍微松散时即可定植，定植株距一般是40厘米，定植时要注意草莓苗基质坨稍微露出地面，防止种植过深埋住草莓心，造成草莓苗死亡。为了提高草莓种苗的成活率，种植区最好在滴灌带的滴孔附近，便于浇水和满足草莓的水分需求，同时也有利于节水。种植结束应马上在草莓苗上覆膜，两边用土压严，待草莓缓苗后逐步打洞放风降温。后期逐渐加大通风，最后将包裹草莓苗的薄膜全部撤掉（图5-43）。高海拔地区由于温度较低，种植时间一般在5月上旬。

图5-42　定植草莓母株

图5-43　草莓母株缓苗后进行中耕

　　高海拔地区气候干燥，雨水相对较少，草莓白粉病、炭疽病、灰霉病相对较少，但是种苗的繁殖系数不高。由于生长时间短，前期低温、干旱和大风等原因，高海拔培育草莓种苗的匍匐茎发生较少。前期低温草莓生长缓慢，抽生的匍匐茎数量不足，后期草莓苗的整齐度不高，存在不同程度的徒长现象，可挑选的余地不大。由于生长时间短，种苗的养分积累不足，缓苗时间较长，开花坐果晚于浙江苗。一般1棵草莓母株能培育出健壮商品种苗20株左右。北方高海拔地区培育的草莓苗在进入生产棚后，一定要注意防治白粉病。白粉病在北方冷凉地域不至于大面积发生，一旦进入棚室高温高湿环境，有可能很快发生白粉病。高海拔草莓苗出圃时间一般在9月初。

三、草莓低海拔育苗

　　相对于高海拔育苗，草莓低海拔育苗就是在海拔低于600米的区域培育草莓种苗的方式。低海拔地区一般气温较高，尤其早春气温回升很快，草莓母株定植时间一般在4月初甚至更早，以浙江省杭州市建德市的草莓育苗最为典型。在建德地区草莓种苗一般在2月就可以定植，由于种植时间较早，温度较高，草莓苗很快就抽生匍匐茎。5月中旬草莓匍匐茎已经爬满整个畦面（图5-44），之后用生长抑制剂进行处理，草莓植株矮化，叶片肥厚深绿色。8月中旬草莓植株健壮、根系发达（图5-45），这样的草莓苗在开花坐果的时候表现出比当地苗早且整齐一致的特点，繁殖系数可达到40～60。但这些区域雨水较多，温度较高，草莓发生炭疽病、紫斑病、白粉病较多。

图5-44　5月中旬草莓子苗已经布满畦面　　图5-45　8月中旬草莓子苗生长状态

四、高海拔低温炼苗

生产中还有一种育苗方式就是将低海拔区域生长至一定阶段的草莓苗运至高海拔区域进行低温炼苗，这种方式在南方海拔较低、温度较高的区域经常用到。高海拔低温炼苗主要有以下2种应用情况：

1.促进花芽分化

这种方法首先在日本奈良县宝交早生草莓上使用。当秋季气温降至20℃左右时，宝交早生草莓才开始花芽分化。6月下旬至7月上旬采子苗并先移栽到假植苗床上，使草莓苗整齐一致。8月下旬将草莓苗移栽至海拔1 000米以上的高山区域进行高冷地育苗，至9月底结束。

实际上，只要山上温度条件满足草莓开始花芽分化的要求，就可将山下的草莓苗运到山上进行高山育苗。当高山育苗草莓花芽分化率达到80%之后3天，即可将种苗运到山下定植。有一些早熟品种对花芽开始分化的温度条件要求不严，所以在600米高山上也可进行高山育苗。但总的来说，海拔越高，气温越低，对草莓花芽分化的促进作用也就越大。

在高山育苗期间，不要给草莓苗施肥，保持草莓苗体内较高碳氮比，有利于草莓花芽分化。下山后2天，可对草莓苗进行轻微断根处理，并施些氮肥，以利草莓苗下山定植后能迅速开始生长。挖苗前要浇一遍透水，挖苗时草莓苗根部最好带些土，否则草莓苗下山过程中，根系易失水干枯。移栽后的缓苗，会在一定程度上降低高山育苗对花芽分化的促进作用。

2.打破休眠

这种育苗方法有2种：一种是在7月上中旬将子苗移到海拔1 000米以上高山上，进行高冷地育苗，在山上一直生长到11月再下山；另一种是专为满足低温积累量，10月末或11月上旬才把苗移到山上，经过一段低温锻炼后，在11月下旬至12月上旬之间下山。前者果实成熟较早，但山上育苗期长，管理麻烦。两种方法都需严格掌握下山的时间。下山过早，定植保温后植株易矮化；下山过晚，定植保温后，植株容易生长过旺，都达不到高产。这里所说的高山育苗一般为第一种。草莓育苗依据当地气候特点、人力成本和政策因素等综合考虑，比如浙江省集约化的露地育苗、西北地区和高海拔地区因土地和劳动成本低开展的露地育苗、北京市或其他一线城市的避雨基质育苗方式。草莓基质育苗成本相对较高，但成活率高，很多种植户愿意使用基质苗。使用基质苗时，若种植技术跟不上，容易早衰，因此基质苗需要控制好生长势，采取断根措施和加强中耕才能更大发挥其优势。

五、草莓种苗流通及注意事项

随着信息和交通快速发展，草莓种苗的流通距离得以极大提升，跨区域甚至跨省种苗交易已经较为成熟。东北的种苗调到甘肃、陕西、山西甚至新疆种植，浙江、四川、贵州的草莓种苗空运到青海、西藏种植。种苗流通极大地缓解了季节性种植草莓需求大和供应不足的矛盾，同时选择适宜的草莓育苗环境，有助于生产出更优质的种苗。

在生产中，种植者在购买种苗的时候，一定要考虑种苗的来源，针对草莓种苗的产地做针对性处理。例如丹东的草莓种苗拉到北京种植，就必须对草莓进行处理，最好在进行假植复壮后，再移栽到生产温室中。因为丹东属于海洋性气候，温暖湿润，土壤pH偏酸，而北京地区气候干燥，土壤pH偏碱，加之草莓苗经过长途运输难免失水，草莓的须根系易受损伤，种苗直接栽植到北京的草莓生产畦中易出现水土不服，拉长缓苗时间，在这个过程中草莓体内营养消耗大、草莓植株的抗性下降，很容易感染红中柱根腐病，降低种苗成活率。同时了解草莓的种苗来源，也可以有针对性地进行草莓潜在病虫害防治。如北方高海拔地区的草莓种苗在做根部处理时，应特别注意加入醚菌酯等药剂防治白粉病；南方高海拔地区的草莓种苗在做根部处理时要尤其注意菜青虫的防治。

六、高海拔育苗的应用与展望

提供健壮优质的种苗是实现草莓优质高产的必要前提。借助高海拔区域冷凉的气候条件，促进草莓种苗花芽分化及早期产量的提升具有重要的现实意义。草莓高海拔育苗技术在国内有很好的立地条件，应用范围日趋广泛，该项技术可有效保障草莓种苗的应季供应及生产计划的实施。通过改变地理环境，人为改变草莓育苗气候环境，培育草莓健壮优质种苗、加快花芽分化与采收，从而实现草莓增产增收和行业的可持续发展。

(周明源，路河)

第六章 | CHAPTER6

草莓土壤及半基质栽培技术

第一节　草莓土壤栽培及水肥管理

随着人民生活水平的提升及消费的需要，草莓质量正向精品化方向发展。施肥管理作为草莓生产必要且重要的环节，需要给予格外的关注。施肥不当易导致植物养分不均衡、盐分毒害、病虫害及农产品质量低下等多种问题。因此，了解土壤肥力及养分的诊断方法，进行合理化施肥是提升草莓质量的重要措施之一。此外，施肥需要与之匹配灌水管理及水肥一体化技术。

一、草莓生产中的主要施肥问题

1.施肥量大，生产成本高

种植草莓的经济效益明显高于蔬菜作物，其产量高低是影响种植效益的关键因素。为追求种植收益，农民会加大肥料投入量（图6-1、图6-2），以期提升草莓产量。一般来说，农户底施有机肥量2～5吨/亩，化肥投入

图6-1　草莓施肥过量时的表现

量100～150千克/亩；在开花后10～20天追肥1次，每次施肥量5～10千克，全生育期6个月的总追肥量不少于100千克/亩。草莓施肥量高于生产力更高的番茄等果菜作物，而其实际养分需求量要低于蔬菜作物。许多草莓种植户采用进口高浓度水溶型肥料进行追肥，肥料市场价格1.5万元/吨左右，施肥成本很高。

图6-2　施肥过多导致暂时性萎蔫现象

2.养分配比不合理

施肥时较多采用的养分平衡型肥料（N-P_2O_5-K_2O为20-20-20），造成大量磷素不能吸收。为提高果品糖度，过分注重施钾肥，会引起奢侈吸收，造成浪费。因养分配比不合理造成土壤中磷与微量元素、钾与钙镁元素的拮抗作用，导致生理障碍现象频发，果品数量与质量大幅降低。

3.土壤次生盐渍化严重

除部分养分被草莓植株吸收外，大部分化学肥料养分残留在土壤中，造成土壤中盐分的过度累积，发生次生盐渍化，不仅使草莓植株出现盐害，也造成土壤养分失衡、生产力下降。

4.肥料种类繁多，存在安全隐患

施用的有机肥、化肥、水溶肥种类繁多，鱼龙混杂。有些肥料厂商为了加大施用效果，人为添加了各类激素，长期施用会存在食品安全隐患。

二、草莓水肥管理的基础知识

1.草莓根系的特点

草莓根系属须根系，在土壤中分布较浅，90%的根集中在0～20厘米的土层中。根系由初生根、侧根、根毛组成。初生根发自短缩茎基部，上面分生许多侧根，形成输导根和吸收根，侧根上密生根毛。根系在高于2℃时开始活动，10℃生长形成新根，最适生长温度为15～20℃，低于−8℃易受低温危害。新的初生根为乳白色，随着年龄的增长逐渐老化变成浅黄色直至暗褐色，最后近黑色而死亡。之后，上部新茎又产生新的初生根，且随着茎的生长，新根的发生部位不断上移，注意及时培土保湿，可促进新根萌发和生长。

草莓根系的作用：第一是支撑，草莓初生根起支撑作用，使草莓植株矗立在土壤中，使地上部的茎叶及果实得以依存。第二是吸收，侧根与根毛能吸收水分与营养，并通过初生根贮存或输送到茎叶与果实，满足草莓植株的各种生理需要。第三是合成，侧根与根毛能合成许多内源激素来调节草莓生长的生理需要。

草莓根系的生长状况，可通过地上部生长的形态来判断。凡是地上部生长良好，早晨叶缘有吐水的现象，说明白色吸收根或浅黄色根较多，根系活力强，活动旺盛。

草莓根系吸水与呼吸作用要求较严格，既不抗旱也不耐涝。不断生长的新根是吸收养分的主要渠道。根系是"泵"，叶是"发动机"，根靠叶养，叶靠根长，根深则叶茂，叶茂则果多。因此，培养好根系是种好草莓的关键前提。

2. 草莓生长发育对土壤及基质的要求

土壤或基质是草莓栽培的基础条件，良好的土壤或基质能充分满足草莓对水、肥、气、热的要求。栽培基质的质地类型、结构组成、理化性质等因素都会对草莓的生长发育产生影响。草莓适宜栽培在疏松、肥沃、透气良好、保水保肥能力强的沙壤土或基质中，其具体性质有如下的判断标准：

（1）物理性 翻耕深度一般30厘米左右，土壤容重1.1～1.2克/厘米³，有效根群的深度20～30厘米，气相比大于10%，硬度20毫米以下，大孔隙10%以上，通气性良好，膨松保水。

（2）化学性 pH为5.5～6.5，盐基饱和度为45%～75%，土壤有机质含量在1.5%以上，以3%～4%较为适宜，无机氮含量为10～80毫克/千克，有效磷含量为40～200毫克/千克，有效钾含量为100～400毫克/千克。草莓的耐盐性低，较容易受到盐分危害，电导率的适合范围（土水比为1∶5）在草莓的不同生育期有所不同，育苗期与定植前期为0.03～0.05

西/米（上限值为0.1西/米），果实膨大期到收获后期为0.05～0.12西/米（上限值为0.15西/米）。

（3）**生物性**　草莓连续种植3～5年后，土传病害开始显现，表现为死苗率高、植株弱、首花和首果期晚、果实小、产量低、植株早衰，因此需进行土壤消毒处理。土壤消毒可杀灭土壤中的各类真菌、细菌以及线虫等，并有防治杂草的作用。土壤消毒处理后，微生物处于空白期，应适当补充有益菌种，实现生态占位。

3.草莓生长发育过程中对水分的要求

苗期和匍匐茎生长期需水量大，要保证充分供水；开花期水分需求适中，田间持水量控制在70%左右为宜；花芽分化和果实成熟期适当控水，维持60%田间持水量为宜；果实膨大期需水较多，田间持水量维持在80%为宜。

水分过少，根系发育受阻，老化加快，易出现盐中毒；水分过多，土温降低、通气不良，初生根木质化加快，根系功能衰退，易腐烂。因此，需要格外注意保证土壤湿润与良好通气状态之间的协调，建议采取水肥一体化的滴灌方式，"少量多次"供水。

三、草莓营养吸收的特点

草莓生长发育需要17种营养元素，除碳、氢、氧元素来自空气与水外，其他元素来自土壤或施肥。

1.氮素对草莓的作用

氮素是构成蛋白质的主要成分，是细胞质、细胞核和酶的组成成分，是核酸、磷脂、叶绿素、辅酶的组成部分。许多维生素和生物碱等都含有氮素。

氮对草莓的作用表现为：促进新茎生长，增加叶面积，使叶色浓绿，增加叶绿素含量，提高光合效率，加大茎与叶柄的粗度，增加花芽量，提高坐果率，提升草莓产量。

草莓植株缺氮时的典型症状是：最初叶片急速变薄，发生萎黄现象。随着缺氮情况的加重，叶片全部变成黄色，叶片变小，叶柄和花萼则呈微红色，叶色较淡或呈现锯齿亮红，果实变小。缺氮时，草莓根系变少，生长受阻。

草莓植株氮素供应过剩时的典型症状是：叶色浓绿，生长旺盛，叶片肥大而柔软，花芽分化推迟，结果晚或结果少。氮素严重过量时，由下部叶片的叶缘开始变褐干枯，根系大部分死亡。果实膨大期氮素过多易出现果尖不着色的现象。

氮对草莓生长发育有极其重要的影响，氮素缺乏及过量供应均不利于草莓生长，因此，合理施用氮肥是获得良好产量和品质的有效措施（图6-3）。常见的氮肥有尿素、硫酸铵、含氮的复合肥、水溶肥等。

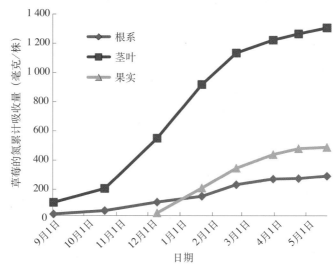

图6-3　设施红颜草莓氮素吸收曲线

2.磷素对草莓的作用

磷是草莓体内核酸、核蛋白、磷脂、三磷酸腺苷（ATP）、植素等重要化合物的组分；积极参与光合作用和呼吸作用，与糖类代谢、脂肪代谢关系密切，能促进碳水化合物的运转；具有提高抗逆性和适应外界环境条件的能力。

磷对草莓的作用表现为：促进花芽分化，缩短花芽分化时间，提高坐果率和产量；促进氮吸收，增加茎叶淀粉和可溶性糖含量（图6-4）。

草莓缺磷时，植株生长弱，发育缓慢，比正常叶小；叶色变成暗绿色，叶缘出现褐色并不断扩大、变黑；花和果实变小，果实着色不良。

磷素供应过量时会与许多微量元素发生拮抗作用，引起如锌、铜、铁、锰等的缺乏。

常用的磷肥有普通过磷酸钙、磷酸二铵、钙镁磷肥、含磷的复合肥、含磷的水溶肥等。

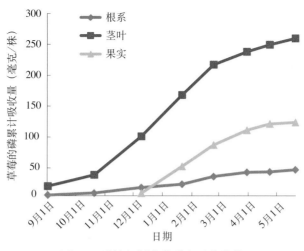

图6-4 设施红颜草莓磷素吸收曲线

3.钾素对草莓的作用

钾离子是作物体内60多种酶的活化剂；对氮素代谢、蛋白质合成有很大影响；与茎部纤维合成有关，能促进维管束的发育；能增强作物的光合作用，促进碳水化合物的代谢；能增加作物体内糖的储备量，提高细胞渗透压，从而增加作物的抗寒能力。

钾对草莓的作用：促进花芽分化、促进果实膨大和成熟，增加糖酸含量，改善果实品质，提高果实产量（图6-5）。

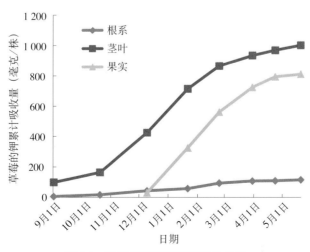

图6-5 设施红颜草莓钾素吸收曲线

草莓缺钾症状最初发生在新成熟的上部叶片，叶边缘会出现黑色、褐色和干枯症状，叶脉呈紫红色，严重时形成茶褐色斑点，从老叶开始逐渐凋萎。

钾肥过量时草莓植株无明显表现，但会抑制根系生长，影响钙、镁与硼的吸收。

常用的钾肥有硫酸钾、硝酸钾以及含钾的复合肥等。

4.草莓大量元素的吸收特点

设施草莓需肥规律与品种、产量关系密切（表6-1）。草莓对大量元素的需求量较大，其N、P_2O_5、K_2O的吸收比例为1：（0.4～0.5）：（1.1～1.3），氮、磷主要吸收在茎叶，钾主要累积在果实。结果期应注意增施钾肥。

表6-1 不同品种草莓对大量元素的吸收量

品种	栽培模式	栽培密度（株／亩）	产量（千克／亩）	每生产1 000千克果实养分吸收量（千克）		
				氮	磷	钾
金中三姬	基质	6 000	2 247.2	4.73	0.91	4.08
皇家御用	基质	6 000	2 437.6	3.75	1.05	3.82
金中三姬	土壤	6 000	1 603.6	4.96	0.95	4.23
皇家御用	土壤	6 000	1 641.1	3.99	1.12	4.00
红颜	土壤	8 600	2 161.5	8.06	2.03	6.58

5.中量元素对草莓的作用

（1）钙 草莓对钙的吸收仅次于钾与氮，果实中的含钙量最高。钙可提高植株的抗逆性，保证根系正常生长，减少生理病害；降低果实的呼吸作用，增强果实耐贮性。草莓缺钙表现在新生组织上，有叶焦病、果实硬化、根尖生长抑制、生长点障碍等多种症状（图6-6）。钙的流动性较小，不能被吸收利用。草莓经常出现的生理性缺钙问题与过量施用铵态氮肥、过量施用钾肥和干旱等因素密切相关。常用的钙肥有硝

图6-6 草莓缺钙的表现

酸钙、硝酸铵钙、氯化钙等。

（2）镁　镁是叶绿素成分之一，是许多酶的活化剂。镁可促进草莓根系的健壮生长，促进体内维生素A和维生素C的形成，增强植物抗寒能力。草莓缺镁时叶缘失绿，逐渐黄化变褐枯焦，进而叶脉间褪绿并出现暗褐色斑点；根部也出现褐色，根量显著减少；果实颜色较淡，质地较软，有白化现象。常用的镁肥有硫酸镁、硫酸钾镁。

钙与镁对提高草莓果实品质具有重要意义。

（3）硫　草莓缺硫和缺氮症状的差别很小。缺氮时，较老的叶片和叶柄呈黄色，而较幼小的叶片实际上随着缺氮的持续反而呈现绿色。与之相反，缺硫植株的所有叶片都均匀地由绿色转为淡绿色，最终都趋于一致，保持黄色。缺硫的草莓果实有所变小。缺硫时可结合调酸施用硫黄粉，另外施入含硫酸盐的肥料也可补充硫。

6.草莓微量元素营养诊断与矫治方法

微量元素中铁、锰、硼、锌、铜、钼对草莓生长具有重要作用，缺乏时常表现出生长不良的现象。

草莓缺铁的最初症状是叶片黄化或失绿，当黄化程度发展至变白，发白叶片组织出现褐色污斑时，则可断定为缺铁问题。草莓中度缺铁时，叶脉为绿色，脉间为黄白色；严重缺铁时，新成熟的小叶变白，叶片边缘坏死，或者小叶黄化（仅叶脉绿色），叶片边缘和叶脉间变褐坏死。缺铁的草莓根系生长比较弱。防止缺铁，可在定植时施入硫酸亚铁或螯合铁，也可以用0.1%～0.5%的溶液进行叶面喷施。

草莓缺锰的初期症状是：新发生的叶片黄化，呈现出与缺铁、硫、钼时全叶淡绿色的相似症状。随着缺锰问题的持续，则叶片变黄，有清晰的网状叶脉和小圆点，这是缺锰的独特症状。缺锰进一步加重时，叶脉部位仍然保持暗绿色，而叶脉之间则变成黄色，且有灼伤，叶片边缘向上卷。缺锰植株的果实变小。草莓出现缺锰症状时，可采用80～160毫克/升的硫酸锰溶液进行叶面喷施，但应避开开花和坐果期。

草莓缺硼早期症状表现为：幼龄叶片出现皱缩和变焦，叶片边缘黄色，生长点损伤，根系短粗、色暗。随着缺硼的加剧，老叶的叶脉间有失绿现象，有的叶片向上卷。缺硼植株的花朵小，授粉和结实率低，果小、产量低，果实畸形或呈瘤状，果面种子多，有的果顶与萼片之间露出白色果肉，果实品质差。缺硼时应适时灌溉，保持土壤湿度，提高土壤可溶性硼含量，促进植株硼吸收；也可叶面喷施0.1%～0.2%的硼砂溶液，草莓对过量的硼较为敏感，所以花期喷施时应适当降低浓度。

草莓轻度缺锌时无明显症状。缺锌加重时，老叶会变窄，特别是基部老叶，缺锌越重，窄叶越长，但不发生坏死现象，这是缺锌的特有症状。缺锌的植株，纤维状根多且较长，果实发育正常，但结果少、果个小。缺锌时，可叶面喷施0.1%的硫酸锌溶液，但要慎用，防止出现药害。

草莓缺铜的早期症状是：未成熟的幼叶均匀地呈现淡绿色，与缺硫、镁和铁的早期症状类似。之后，叶脉间的绿色变浅，逐渐在叶脉间出现1个宽的绿色边界，其余部分则都变成白色，出现花白斑，这是草莓缺铜的典型症状。土壤缺铜时，可随底肥按1～2克/米^{2}的用量施入硫酸铜，也可叶面喷施0.1%～0.2%硫酸铜溶液。

草莓缺钼在初期与缺硫的症状相似，不管是幼叶或成熟叶片，缺钼最终都会表现为黄化。随着缺钼程度的加重，叶片上面出现枯焦，叶缘向上卷曲。缺钼的植株，用0.03%～0.05%钼酸铵或钼酸钠水溶液叶面施肥。

四、草莓施肥策略

1.保护土壤，提升地力

适时深翻土壤，提升土壤的透气性。在温室空闲期的6—8月高温季节，种植生长较快的填闲作物，如玉米、青花菜等，吸收土壤中残留养分（盐分），作畦前将秸秆粉碎，翻耕到土壤中，增加土壤有机质。

2.增施优质有机肥，结合深翻改良土壤结构

有机肥有利于提升土壤有机质含量，改善土壤物理性质；有机肥有利于形成土壤团粒结构，提升保水能力；有机肥提供矿质与有机养分，提升土壤中磷与微量元素的有效性；提供有机碳源，促进土壤微生物的活动。

3.土壤测试、平衡施肥、避免过量

每隔2～3年测试1次土壤养分含量，根据测试结果制订施肥方案。基肥施入适量的有机肥、复合肥及生物肥料（菌肥）等，另加豆粕、鱼粉等可提升氨基酸、腐殖酸等功能物质，有利于草莓果实品质的提升。

4.土壤与灌溉水适度调酸

北方地区应对土壤进行调酸处理，定植前结合基肥撒施或穴施硫黄粉（50～60千克/亩），降低土壤pH，提高钙、铁等元素的活性，促进其吸收利用。北方地区水质较硬，应加入稀酸或浓磷酸进行调节pH至6.0左右，

浓磷酸按300～400毫升/吨的用量随灌溉系统溶解在水中。

5.追施水溶肥与生物菌肥

水溶肥料配合水肥一体化滴灌设备施用，小水控浇、薄肥控施。开花后，以5～8千克/亩的用量每隔15天左右施1次，均衡供给，平稳生长，避免过量。生物菌肥有利于活化土壤，促进根系生长，增强抵抗能力。

水溶肥应具有营养全面、抗逆、促长、促生根、调酸等功能。

标准配方：

$N\text{-}P_2O_5\text{-}K_2O$为30-10-10（快长期）；$N\text{-}P_2O_5\text{-}K_2O$为15-5-30（结果期）。微量元素≥0.5%：$Fe$≥0.05%、$Zn$≥0.1%、$Mn$≥0.1%、$Cu$≥0.05%、$B$≥0.2%、$Mo$≥0.01%。腐殖酸≥5%，氨基酸≥10%，海藻酸≥5%。pH（1∶250）为3.0～5.0。

施肥要点总结：①底肥以有机肥、生物肥及功能肥为主，着重改良土壤理化结构，调节酸度，满足根系生长需求；②定植前期降低土壤中养分浓度有利于提高种苗成活率，成活后适当干旱有利于根系下扎（布根）；③追肥以少量多次为原则，深冬季节减少灌水施肥，注意提高地温，保护根系、刺激生根。

土肥而根深、根深则叶茂、叶茂则果多。

五、小结

养分管理是草莓生产中的重要环节，在提高产量、改善作物品质和维护土壤健康上有着重要的作用。片面追求高产和忽视养分管理技术的改进，会导致一系列与养分管理有关的品质问题，直接影响草莓产业的发展。

（左强）

第二节　草莓半基质栽培技术

传统土壤栽培模式下，随着温室大棚草莓种植年限的增加，土壤中的矿质营养元素大量累积，土传病害及土壤盐碱化逐年加重，连作障碍问题突出。基质栽培虽然具有透水透气性好的优点，并在一定程度上解决了连作障碍问题，但是对于该项技术在生产中的应用，还应清醒地认识到其固有的缺点，如基质间颗粒孔隙较大，水分和肥料养分很容易通过基质淋失，基质的温度也会随着孔隙间空气流动而快速降低，保水保肥保温的能力都很差，技术要求更为严格，一次性投入成本较高。

在这种情况下，草莓半基质栽培模式应运而生。该技术对原有的基质栽培技术进行改进，将原有的基质栽培技术与传统的土壤栽培技术相结合，互补短长。该种栽培模式呈梯形，下部将土壤回填成三角形，上部铺设基质。

一、安装操作规程

1.板材选择

常见的栽培槽板材有砖、木板、硅酸钙板等。

砖体栽培槽具有结实耐用的优势。其缺点为：砖体较重，前期搭建过程中投入人力较多；同时砖体较宽，占用空间大，减少了单位面积土地使用率，影响农户经济效益。

木板栽培槽具有轻便、易于安装、前期投入少等优点。其缺点为：木板遇水易变形、耐腐性差；高温干旱情况下，板材延展性降低、变脆易断裂，影响栽培槽使用寿命。

硅酸钙板具有轻便、易于切割、安装等优势；同时板材遇水后有良好的延展性，不易断裂，结实耐用；正常情况下能使用5年，这样可避免重复打垄，节省劳动力，从而降低投入成本。

2.栽培槽栽培优势

栽培槽一次搭建，能反复使用，省时省力，降低草莓产前投入成本；避免重复打垄、塌畦、倒畦，降低劳动强度，节省劳动力资源；栽培槽整齐美观，能改善草莓棚室环境，增强采摘观赏性，有利于农业与旅游业的产业融合发展，从而提升农户经济效益。

3.半基质栽培模式

半基质栽培模式呈梯形，下底宽0.6米，上底宽0.4米，地上部高0.35米，长度根据每个大棚的实际情况而定，一般长6.5米，农户使用中有长度达7～7.5米的。400米²标准温室原则上建45～50个栽培槽，具体如图6-7所示。

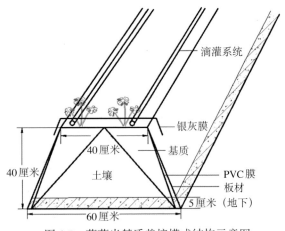

图6-7 草莓半基质栽培模式结构示意图

4.板材加工

温室地面要求平整，栽培槽使用的材料为性价比较高的硅酸钙板，规格为宽1.22米、长2.44米、厚0.8～1.0厘米。将原材（硅酸钙板）整板进行加工，加工成栽培槽的两侧挡板（宽40厘米左右、长度为2.44米，如图6-8所示），加工成栽培槽的两端堵板（上底宽40厘米、下底宽60厘米、高40厘米的梯形，如图6-9所示）。板材加工注意事项：预先将堵板和两侧挡板连接孔打好，为防止板材破裂，打孔位置距板材边缘3厘米。

图6-8　加工栽培槽挡板　　　　　　图6-9　加工梯形堵板

5.栽培槽安装

栽培槽为南北搭建，长度根据温室实际跨度定，一般标准温室（50米×8米）其槽体长度为6米左右。栽培槽地下掩埋5厘米，地上留35厘米，挡板与等腰梯形堵板上、下底持平，完成栽培槽的搭建。

安装注意事项：挡板拼接口尽量放在栽培槽两端，以防使用过程中浇水引起槽体变形或破裂；堵板放在两侧挡板之间，增加支撑及固定作用；地下掩埋板材四周土壤尽量夯实，以提升槽体稳固性。

6.铺设内膜、回填土壤

栽培槽搭建完成后，槽体内部覆盖PVC膜，之后回填土壤。

槽体内部覆膜应选择厚度为0.08～0.12毫米的PVC膜，要求覆盖整齐，没有脱落、破损等情况。覆膜主要是为了隔绝水分对栽培槽体的侵蚀，确保栽培槽的使用寿命，因此PVC膜的厚度十分重要。为降低生产成本，槽体覆膜可选用废旧棚膜代替，但需选择完整度高的棚膜，以免失去覆膜的作用。注意不要使用过软的地膜，否则栽培槽使用过程中板材易起绿苔，影响使用寿命。

回填土壤注意事项：回填土壤为三角形（图6-10），栽培槽内土量不要

图6-10 土壤回填成三角形

太少，至少达到槽体的2/3，上部基质应占1/3。若回填土量太少，增加基质使用量、提高栽培成本的同时，还会影响半基质栽培的效果。

7.填装基质

基质填充紧实，略高于栽培槽，同时保持栽培槽整体完整，没有变形、开裂等情况。基质组成为草炭、蛭石、珍珠岩（混合比例为2：1：1）。草炭绒长不低于0.3厘米，珍珠岩粒径不低于0.3厘米，蛭石粒径不低于0.1厘米。

填装基质注意事项：第一，混合基质填装前需加入细沙，灌水增湿，适当加入有机肥。第二，重复使用的基质填装前必须彻底清洗，以防病虫害侵染，其清洗标准以基质渗出液不混浊为宜；其次，重复使用基质需加入适量珍珠岩，以防基质过细，影响栽培植株根系透气性。第三，填装时基质要呈馒头状（图6-11），以免灌水后基质沉降过多，低于栽培槽，导致栽培植株折枝。

8.草莓半基质栽培模式选用滴灌系统

配备500升的塑料施肥桶，配有单独的水泵（图6-12）。主管材料为直径32毫米的PVC管道，滴管采用滴距为15厘米的滴灌带，要求每槽配两条。

图6-12 配置单独水泵的施肥桶

图6-11 基质填装呈馒头状

二、日常管理

1. 日常栽培管理

在日光温室促成栽培中，采用半基质栽培技术。相较于传统土壤栽培，其缓苗速度快、产量高、畸形果率低。半基质栽培植株生长旺盛，在种苗选择上建议选择裸根苗，以防使用基质苗出现徒长问题。

虽然半基质栽培模式的中上部基质层易缺水，但下部土壤层具有良好的保水性，因此其浇水频率相较于高架基质栽培可适当减少，一般以3～5天浇水1次为宜，每亩浇水量为0.5～0.8吨。每隔10天随水追施肥料1次，每亩施用量为1～1.5千克。其他生产管理措施与土壤栽培的草莓基本一致。

半基质栽培模式若基质填充不足，后期草莓栽培过程中易发生折茎现象。折茎生长的草莓其果实颜色暗红，没有光泽，硬度下降，糖度降低0.5%～2.4%，严重影响草莓口感和品质。折茎减少了草莓对养分的吸收"渠道"，不能充分保证草莓的正常生长。在半基质栽培生产上可以通过以下措施预防和处理折茎：

（1）填装足量基质　定植前多填装基质，浇水沉降后也需保持基质略高于栽培槽且有一定凸起的弧度，此措施有利于草莓结果后降低果实对枝条的受力，改善折枝现象。

（2）定植位置适宜　定植位置不要太靠外，使植株与栽培槽边缘保持一定距离。

（3）定植角度　定植时，植株根部弯曲部位（即草莓弓背）斜向前与半基质栽培槽边缘成45°角，此措施可减小枝条受力强度。

（4）增加硅酸钙板边缘弧度　利用废旧滴灌带或PVC管，将其破口套在栽培槽的边缘，增加槽体边缘弧度，减轻果茎压力（图6-13）。

（5）增加支撑物　在草莓栽培过程中，可在植株下方垫玉米秸秆，既可以支撑果柄，还不影响植株透水透气性。

（6）折茎处理措施　用育苗塑料卡子将折茎枝条固定到基质上，将折茎部位拉直，以保证养分运输。

图6-13　废旧滴灌带防止折枝

半基质栽培模式下，植株长势良好，生产后期叶片生长过快、面积过大，影响植株间通风透光的环境，需及时进行植株整理，改善田间栽培小环境，以免引起病虫害或植株郁闭。植株整理以叶片基本不重叠，从上向下能看到地膜为宜。

2.半基质栽培消毒

（1）**去掉植株地上部分** 用剪子贴着草莓心茎，将地上部分剪掉。注意：不要过低，以免清除草莓主根时不好拔除；同时也不要过高，以免植株继续生长。

（2）**覆膜浇大水** 覆膜保持棚温40℃以上，密封棚室10天左右（图6-14）。高温闷棚后，基质中的小须根已腐烂，拔除大根即可。此措施能有效减少劳动力，节省成本。

（3）**基质消毒** 将栽培槽中的基质翻倒到垄间，用广谱性杀菌剂搅拌后，再用大水冲洗。一方面给基质消毒，减少病虫害发生；另一方面清洗基质中过多的养分，避免造成盐毒害。

图6-14 半基质栽培模式高温闷垄

不同栽培年限基质消毒方法：①栽培年限为1年的，在基质表面均匀撒硫黄粉、多福（由多菌灵和福美双复配制而成），不浇水，用白色地膜盖严。靠水蒸气凝结到薄膜上的水，使药剂均匀下渗。覆盖到定植前15～20天，去掉白色地膜，翻倒基质，避免基质过实。②栽培年限为2年的，把基质翻倒出来，推到前棚脚，用水淋洗，然后在表面均匀撒施硫黄粉、多福，之后覆盖白色地膜密封15～20天，去掉地膜后将基质回填，若基质不够需及时补充。栽培槽内的土壤不动，基质回填后需用喷头浇水，待喷头浇透后再改用滴灌浇水，以免直接使用滴灌浇水，基质太干浇不透。③栽培年限3年以上的，把基质翻倒出来，推到前棚脚，用高锰酸钾溶液喷淋，然后覆盖白色地膜密封5～6天，之后回填基质。栽培槽内土壤在翻倒出基质后，用多福均匀混合后浇水，用白色地膜覆盖进行高温消毒。

（4）**土壤消毒** 将栽培槽内土壤翻倒，阳光暴晒3天。由于草莓根系主要生长在基质中，因此半基质栽培模式对土壤消毒不严格。

（5）**基质回填** 注意基质的用量，由于发酵、消毒等原因基质会消耗一部分，因此基质回填时要根据实际损耗及时补充。其次，要注意基质颗粒大小，在使用过程中基质易造成磨损，导致颗粒过细，因此在回填过程中，要根据基质磨损情况适当加入草炭或珍珠岩，以改善基质的透气性。

注意事项：消毒完成后，在基质回填时可在栽培槽内加入少量有机肥，切记不要添加化肥，主要是因为化肥在定植浇水时会淋溶，浪费肥料的同时增加生产成本；其次，过多的肥料会影响草莓种苗根系的生长，不利于定植后缓苗。

三、结语

从栽培角度来说，半基质栽培模式与传统土壤栽培模式相比，具有克服连作障碍、提升草莓产量及品质、减轻劳动强度的优势；与基质栽培模式相比具有保水、保肥性强，改善微量元素供给及减少基质使用量，降低生产成本的优势。除此以外，半基质栽培作为新型栽培模式还具有增加经济效益、外形美观、持久耐用且更适合都市型现代农业的特点。鉴于半基质栽培模式的众多优势及近年来在实际生产中的优异表现，在未来草莓栽培领域，该模式有很大的发展空间。

（金艳杰，路河）

第七章 CHAPTER7

草莓基质栽培技术

第一节　草莓东西向槽式基质栽培技术

草莓东西向槽式基质栽培技术将传统的土壤栽培与基质栽培技术相结合，在克服传统土壤栽培土传病害问题及基质栽培保水保温保肥能力差问题的同时，能够充分发挥两种栽培技术各自的优势，最终实现草莓产量及品质的大幅度提升。

一、东西向栽培槽的建设方法

在日光温室内，顺着日光温室过道方向（东西向），在地面上搭建草莓基质槽。采用半地下槽式进行构建，每0.75米设置1排，其中槽底宽0.4米，过道宽0.35米，共需构建10排基质栽培槽。基质槽由42厘米宽的后板和17.6厘米宽的前板分别插入地下10厘米构建成，两块板向内形成一定角度。

施工时先平整土地，并在相应的位置定线、起垄、挖槽，下挖深度4～5厘米，挖出的土向两侧过道转移并铺平（槽在土下10厘米）。挖好后平实沟底，并铺无纺布或1厘米河沙作为沥水层。按图7-1在沟两侧分别插入硬质泡沫板（或水泥板），把宽度为60厘米的黑地膜从中部盖在泡沫板上（槽内外各一半），再填充基质。槽内基质应填实，并可轻微下压。基质上表面距槽口2厘米为宜，以管灌形式将基质水浇透为宜（水分不要过多）。24小时后铺设副滴灌带，滴灌带布置如图7-2所示。安装好滴灌带后就可定植草莓种苗，注意种苗的"弓背"均向南侧，草莓苗成活后，再把槽外的塑料膜分别回铺到基质上，两块膜重叠不留中缝。

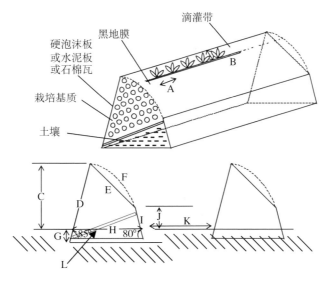

图7-1　草莓基质槽栽培模式示意图

A.株距15厘米　B.定植穴距后板7～8厘米　C.后板地上垂直高度30厘米

D.后板宽42厘米与水平成85°　E.前后档板间直线距离34厘米　F.填满基质后上表面为凸形

G.槽地下埋深10厘米　H.槽下部在地表处宽40厘米　I.前板宽17.5厘米与水平成80°

J.前板地上垂直高度8厘米　K.槽距35厘米

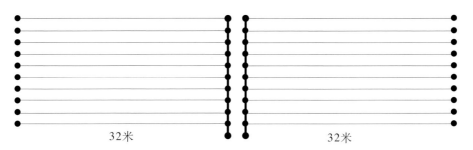

图7-2　滴灌带安装示意图

（主滴灌带布置在基质栽培区的中部，南北走向，分向东、向西出水各1条，每条长8米；
副滴灌带东西走向，向东、向西各10条，每条长32米，每条间距0.75米）

二、草莓东西向槽式基质栽培的应用及效果

采取东西向单行定植方式，株距15厘米，每亩定植5 700株，较南北向方式用苗量减少30%，发挥了单株优势，降低了种苗成本。地表的过道根据需要，可采取铺塑料膜或砖块的方法进行覆盖，提高观赏、采摘效果。

北京市昌平区万德园采用了槽式基质栽培模式种植草莓。基质槽全部

南向，易于吸收和积累热量，利于平均地温升高。基质与地表接触，地温昼夜变化小，有利于草莓生长发育。与土壤东西向种植方式及土壤南北向种植方式相比，槽式基质栽培的草莓植株易于调控、长势平稳、产量均衡，植株受光好、无阴阳面，产量较东西向土壤栽培方式提高47%，较南北向土壤栽培方式提高31%（图7-3）。基质栽培的草莓果实形状好、着色好，优质品率显著提高，价格是普通栽培的3倍，经济效益明显增加。

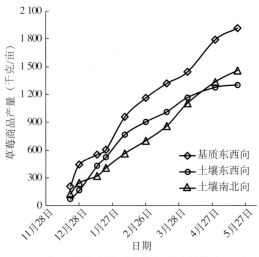

图7-3 东西向槽式基质栽培与土壤栽培产量对比

三、小结

普通日光温室条件下的草莓生产，槽式东西向基质栽培技术是可替代传统东西向及南北向土壤栽培技术的一项有效种植替代技术。选用槽式基质栽培技术可有效利用光温水热资源，草莓种苗长势更易调控，也更便于对草莓开展精细管理。利用该技术生产的草莓具有早熟、产量高、商品性好、优质品率高的特点，是值得扩大推广的一项草莓种植实用技术。

（左强）

第二节 草莓立体栽培模式

近年来，世界草莓栽培面积迅速增加，我国草莓采摘、休闲观光农业等迅速发展。那么关于草莓种植，经济实用的立体栽培模式有哪些？相对于传统地面育苗方式，草莓高架育苗有哪些优势？本节将给大家做一个简单的介绍。

一、草莓的立体栽培模式

1.草莓H形栽培模式

草莓H形栽培模式（图7-4、图7-5）采用20毫米热镀锌钢管及C形钢骨架，宽0.24米、高0.65米，配置草莓栽培槽（方便人员管理及作物更换）、滴灌、废液排出及地热加温等设备（后面其他栽培模式均有以上配置），材料简单、造价较低、使用寿命长。并且此类种植草莓的栽培槽也可由黑白膜+防虫网或无纺布等代替（后面其他栽培模式均可替代），造价能进一步降低。

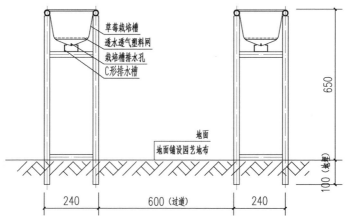

图7-4　草莓H形栽培模式设计图（毫米）

此种栽培模式具有采光良好、温湿度适宜、防止土传病害等优点，并且解决了草莓种植过程中的工人连续下蹲作业的问题，可使草莓长势整齐、结果一致，方便作业及采收。

图7-5　草莓H形栽培模式实景图

2.草莓双层H形栽培模式

草莓双层H形栽培模式（图7-6、图7-7）是由草莓H形栽培模式演化而来。其由平面向空间发展，土地利用率得以提高一倍（下层草莓会有一定的遮光）。其宽0.31米，高1.1米。配备有滴灌、废液排出及地热加温等设备，结构稳定，使用寿命长。

137

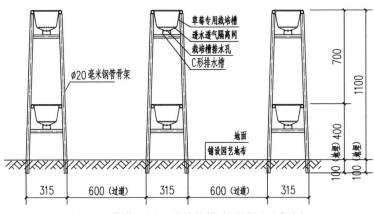

图7-6 草莓双层H形栽培模式设计图（毫米）

3.草莓双排H形栽培模式

相对于单一的草莓H形栽培模式，草莓双排H形栽培模式（图7-8、图7-9）的土地利用率更高（节省了半个过道的宽度）。并且在两排种植槽之间，要固定一道防虫网或无纺布（在草莓结果

图7-7 草莓双层H形栽培模式实景图

后期，用来支撑草莓果实，让草莓果实多晒太阳，并能方便管理）。

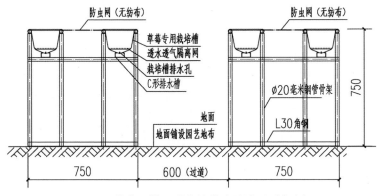

图7-8 草莓双排H形栽培模式设计图（毫米）

其栽培架采用Φ20毫米热镀锌钢管及L30角钢焊接而成，宽0.75米、高0.75米，长度可根据需要延长。此种栽培模式采光好，单位面积温室种植的草莓苗数量更多，产量也更多。

4.草莓A形栽培模式

草莓A形栽培模式（图7-10、图7-11）通过草莓栽培架分层栽培，向空间发展，充分利用温室空间和太阳能，进一步提高了温室的土地利用率，是普通地面栽植土地利用率的3.5倍。

图7-9 草莓双排H形栽培模式实景图

其栽培架主要由C形钢及20毫米的热镀锌钢管组装而成，其底部宽1.0米、高1.15米，每组栽培架由左右六道栽培槽组成。

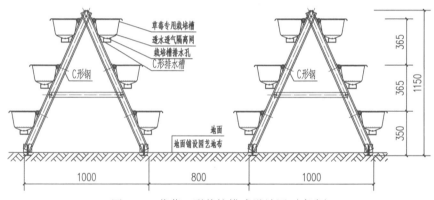

图7-10 草莓A形栽培模式设计图（毫米）

但是，由于草莓A形栽培模式种植比较密集，栽培架之间会出现一定的挡光情况，故而此种栽培模式一般需要配备补光系统（图7-12）。种植者选用时需格外注意。

图7-11 草莓A形栽培模式实景图

图7-12 草莓补光系统

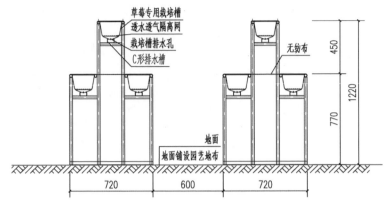

图7-13 草莓"山"形栽培模式设计图（毫米）

5.草莓"山"形栽培模式

草莓"山"形栽培模式（图7-13、图7-14）是适合观光采摘的一种草莓立体栽培模式。

从采摘的顾客群体来说，草莓的观光采摘园一般会在城市的近郊地区，来这里采摘草莓的顾客一般

图7-14 草莓"山"形栽培模式实景图

都是以家庭为单位的，主要是父母带着孩子。"山"形草莓立体栽培模式能够更方便顾客采摘。

从高度上来讲，"山"形草莓栽培模式实现了分层栽培，父母和孩子可以提着采摘篮边走边看边采摘边拍照，省去了弯腰或者下蹲麻烦，提高了顾客的体验和观光效果。

从土地利用率上讲，它比双排H形草莓栽培模式的土地利用率提高了1/3，单位面积的产量更高。

从节能减排上讲，它不像A形草莓栽培架那样，造成栽培架之间较严重的遮光情况。不用另外新增补光系统，耗能小，造价低。

二、草莓育苗模式

草莓种植和采摘的发展，也带动了草莓育苗设备的发展。

1.传统地面育苗

传统草莓育苗（图7-15）在地面上铺设子苗槽，虽然使用无土栽培育苗，但仍然避免不了土传病害，并且操作压苗过程中，工人连续下蹲作业

的劳动强度较大。

2.草莓平架育苗模式

针对传统地面育苗的问题，我们设计了草莓平架育苗模式（图7-16～图7-18），将原有的地面育苗提高至半空中，秋季定植母株，冬季用薄膜覆盖母株保温保墒。这样操作，翌年春天时的缓苗时间短，可提早出苗。

图7-15　传统地面草莓育苗

图7-16　草莓平架育苗模式——秋末定植母株

图7-17　草莓平架育苗模式——翌年春天扦插子苗

图7-18　草莓平架育苗模式——初秋收获子苗

草莓平架育苗栽培架宽1.3米、高1.0米，中间母株栽培槽宽0.25米、深0.3米，由黑白膜、防虫网以及无纺布构成。母株栽培槽两侧平面各布置4～5道PVC子苗栽培槽（下口宽5厘米，上口宽9厘米，深9厘米），用于草莓繁育。

在春秋棚内育苗时，要注意栽培架的高度和春秋棚两侧通风的高度，这两个要统一。并且北京地区夏季要进行遮阳降温，以免草莓子苗因通风不好大量死亡。

3.草莓三角架育苗模式

草莓三角架育苗模式（图7-19）是通过草莓育苗栽培架向草莓母株两侧下部分层栽培，向空间发展，充分利用温室空间和太阳能，以提高土地利用率，提高草莓苗品质。

图7-19　草莓三角架育苗模式

其栽培架由于自身特性限制，只能为南北走向（相互之间会有一定的遮光，但是草莓子苗之间的空间较大，通风效果较好），草莓母植可种植在用黑白膜、防虫网或无纺布等构成的栽培槽内，子苗用PVC子苗栽培槽栽培。

在连栋温室内育苗时，由于草莓三角架育苗模式只能为南北走向，连栋温室湿帘风机的通风方向最好也为南北方向。这样在夏季高温时，当开启湿帘风机后，冷空气会较多地沿着草莓三角架之间流过（草莓三角架不会阻挡室内空气流动），促进草莓叶片的蒸腾及光合作用，进一步降低温室内草莓种植处的空气温度。

平架育苗和三角架育苗均采用无土基质栽培，有效隔离了土传病害，避免了工人在压蔓育苗过程中的连续下蹲作业。同时，子母苗采用分组滴灌方式，子苗生长大小可调控，保证子苗生长的一致性。并且子苗栽培槽的设置，方便出苗，保证了子苗的成活率，为提高草莓产量提供了有力的保障。

三、结语

由于草莓的高附加值特性，草莓种植是农民增加种植收益的一条重要途径，草莓立体栽培技术不仅是草莓种植技术的革新，也是推动草莓产业向都市现代农业发展的有力保证，同时也符合大中城市发展休闲观光农业的战略定位。草莓产业与休闲观光农业的融合，可进一步增加草莓种植的附加效益，实现农业增产增收。

（刘继凯，李培军）

第三节　草莓基质栽培的密度与留芽管理

合理密植是草莓获得高产的关键。栽植过密，则植株易感染病虫害，产生大果少、小果多、烂果严重、草莓果实商品性普遍降低的问题；栽植过稀，则降低了空间利用率，不利于草莓产量的提高。因此栽植密度和留芽管理是草莓生产管理中不容忽视的一个环节，而以往研究及实践中对这一问题的重视程度略显不足。

一、三个草莓产区基质栽培的密度与留芽管理

丹东、北京和杭州三地在进行红颜草莓栽培时的密度与留芽管理见表7-1。

丹东是草莓的优势产区，红颜的亩产量很容易达到3 500 ~ 4 000千克。杭州地区的草莓亩产量一般为1 500 ~ 2 000千克。两地的草莓产量有如此大的差异，原因在于：①丹东冬春季节的光照充足，而杭州冬春季节的阴天比例较高，光照不如丹东地区好。②在温室的保温性上，丹东是冬暖日光温室，冬天温室内最低温度在5℃，而杭州是普通的薄膜拱棚，冬天最低温度在-2℃左右。③两个地区草莓种植的留芽模式存在很大的不同。在顶果收获前，丹东地区1米的垄上种植16株苗，杭州地区1米的垄上种植10株苗，丹东地区的草莓种植密度是杭州地区的1.6倍。因此在不考虑温室气候因素影响的条件下，选择同样的策略留果5 ~ 6个，丹东地区头茬果的产量是杭州地区的1.6倍。进入1月下旬后，丹东地区由于密植不能再留侧芽，北京地区和杭州地区则可以考虑留侧芽来提高密度。此时，北京地区和杭州地区的芽密度超过丹东地区。不考虑其他因素的影响，这三个地区的草莓二茬果的产量是一样的。进入3月以后，这三个地区的芽密度接近一致。3月以后杭州地区温度升高，晚上温室内能够保证6℃以上的气温，杭州地区和丹东地区这一茬草莓果的产量相当。

表7-1　各地区红颜栽培的密度与留芽模式

草莓产区	株距（厘米）	栽培密度（株/米）	顶果收获前	芽数	1月下旬	芽数	3月以后	芽数	总芽数
丹东地区	12	16	1芽	16	1芽	16	2芽	32	32
北京地区	15	13	1芽	13	2芽	24	2芽	26	19.6 ~ 26
杭州地区	20	10	1芽	10	2芽	20	3芽	30	20 ~ 30

二、草莓基质栽培的密度与留芽管理的技术要点

9月定植后，随着生长，草莓开始分蘖（长侧芽）。对于很多新手种植

户，留芽管理是一个难点。

草莓传统设施土壤起垄栽培中，芽的管理为：顶果收获前留1个芽（图7-20）、顶果收获后留1个侧芽（图7-21）、3月以后最多留3个芽（1个主芽2个侧芽）（图7-22）。草莓理想的留芽管理模式见表7-2。

图7-20 顶果收获前留1个芽

图7-21 顶果收获后留1个侧芽（1月）

图7-22 3月以后最多留3个芽（1个主芽2个侧芽）

表7-2 草莓理想的留芽管理模式

品种	顶果收获前留芽数	1月下旬留芽数	3月以后留芽数
红颜	1	1～2	2～3
香野	1	1～2	3

草莓进行高架育苗时，为保证匍匐茎的粗度，芽的管理为2芽管理。草莓

图7-23 开始留匍匐茎

假茎粗度为1.5厘米时，开始留匍匐茎（图7-23），根茎粗度越高，繁育的匍匐茎的粗度就越高（图7-24）。

合理的留芽可以保证草莓芽的粗度，减少疏花疏果的工作量（图7-25）。红颜草莓12月结果期的顶芽、初生芽和二次发芽实景见图7-26。

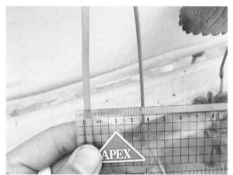

图7-24　匍匐茎粗度

图7-25　合理留芽

图7-26　红颜12月结果状态（1个主芽1个侧芽）

三、草莓基质栽培的密度与留芽管理的注意事项

1.栽植地域及气候的影响

干旱少雨的地区，栽植密度可适当调高；温暖湿润的地区，栽植密度可适当调减。

2.草莓品种的影响

生长势强的品种，栽植密度可以适当缩小；生长势弱的品种，栽植密度可以适当增加。

3.种苗质量的影响

种苗质量好的，可以相对稀植；种苗质量差的，可以相对密植。

4.土壤肥力的影响

土壤肥力高的，可以适当稀植；土壤肥力低的，可以适当密植。

四、结语

在草莓基质栽培生产管理实践中，合理的密植与留芽管理是提升光温水热与气肥资源利用率和保障草莓高产、优质的重要措施。

（奚展昭）

第四节 草莓栽培温室内循环风机的应用

温室内不同位点存在微气候差异，导致的作物长势不均及产量低是目前温室管理中亟待解决的一个难题。荷兰和日本的温室生产多使用内循环风机（图7-27），这在一定程度上可以改善温室内的小气候，使得温室内不同位点的温度和湿度更加均一，从而有利于病虫害防控和保障作物安全生产。

图7-27　日本草莓温室随处可见的风机

一、内循环风机的作用

1.调整温度和湿度，促成生长势的均一性

温室后墙、保温及天沟等在一定程度上限制了温室内作物对光温的获取，温度一般是上高下低、阳面高阴面低、风口远处高近处低。温度高的微气候区，植株发育较快，有时甚至会徒长；温度低的微气候区，植株长势较差，茎叶不繁茂。也就是说，温室内不同区域的植株，生长势及形态会存在非常大的差异，并间接增加了温室种植的管理难度，不便于栽培及水肥的一体化管理。通过应用内循环风机，加快温室内空气的交换速度，促使温室内温度快速达到一致；同时结合水肥一体化技术的控制，可使温室内作物的长势更加一致（图7-28），便于标准化管理。

图7-28　应用风机后草莓的长势一致

2.抑制徒长，减轻灰霉病发生

使用内循环风机在一定程度上

可以控制温室内作物的徒长。笔者推测，露天种植条件下，作物不易发生徒长可能与风参与的空气循环有关。日本科研人员的理解是，微风影响下，作物叶片上多余的养分会通过抖动消耗掉，从而避免徒长。笔者观察到，处于风口位置的树木大多具有叶片小、厚度大和根系深的特点，草莓栽培使用内循环风机也具有类似效果。草莓灰霉病的发生与花瓣脱落时间密切相关，灰霉病属于弱寄生菌的侵染，主要侵染残花、残叶等抵抗力低的部位（图7-29、图7-30）。落花时间早，则灰霉病发生程度轻。使用内循环风机，能加快落花速度，进而减轻灰霉病的发生。

图7-29　花瓣湿度大导致灰霉病发生　　　图7-30　幼果花瓣未掉落导致灰霉病发生

3.增加蒸腾作用，促进水肥吸收

应用内循环风机能增加作物蒸腾拉力，促进养分元素吸收，预防作物生理性缺钙问题的发生。在温室种植中，顶风口下方的草莓很容易发生缺钙现象，原因在于该位置是温室内风速高且通风时间长的位点。通风过程降低叶片湿度，增强叶片的蒸腾拉力，进而促进作物对水分和包含钙在内的矿质养分的吸收。并且使用内循环风机，可以明显增强草莓植株的蒸腾作用及根系活力，能降低叶片湿度，进而减少草莓灰霉病的发病概率。

二、设施草莓使用内循环风机的成本与技巧

以山西农业科学院东阳基地草莓现代农业研究中心的科研温室为例，该温室东西长60米，南北跨度7米，顶高5米。选用2台广州倍利机电生产

的循环风机，在温室东西走向 15 米处、45 米处各安装一个。每台风机的功率为 180 瓦，风量为 5 600 米³/时。温室内容积约 1 200 米³，2 台设备每小时内循环换气量可达 10 200 米³，可以换气 8 次。风机的风速约在 0.5 米/秒。风机的扇叶和机身材料均为不锈钢，使用 2 年未出现扇叶变形等问题。

冬季 12 月至翌年 2 月的低温寡光会抑制草莓的光合作用，此时使用二氧化碳气肥技术（图7-31、图7-32），早上保持在 800 克/米³ 的浓度，能够有效提高草莓叶片的光合效率，实现增产 20%，糖度增加 2%～3%。温室外二氧化碳的浓度一般为 450 克/米³，施肥过程中如果开风口就会造成室内二氧化碳浓度降低及草莓减产的问题。启动风机则可以实现整体降温 1.5℃ 的效果，并且可以适度延长二氧化碳气肥的施肥时间。

图7-31 钢瓶式二氧化碳施肥

图7-32 二氧化碳施肥管道

风机系统与高压喷雾搭配使用（图7-33）可以有效降低室内温度 4～5℃。越夏生产中，室外温度超过 35℃ 时，温室内的温度能达到 40℃ 以上，这种高温热害会给草莓生产带来很大的影响。喷雾降温系统可以控制温室内的温度，喷雾系统形成的直径 3～10 微米的水微粒，在气化过程中会大量吸收周围的热量，从而降低环境温度。每克水可以使得每立方米的空气降温约 2℃，在越夏生产中使用高压喷雾系统来降温的效率非常高。雾化 1 升水只需要 6 瓦的能量，雾滴由 3 米高度自然降落。由于雾滴极小，在空气内极易快速蒸发，不容易在叶片和果实表面形成水珠。此时，将喷雾系统和风机系统结合，

图7-33 高压喷雾系统结合内循环风机系统

可以起到增加喷雾雾滴均匀性的效果。使用成本：600米²的温室共需要2台内循环风机，单台功率180瓦，两台总计360瓦。按照每天使用4小时（使用8小时，间歇工作）计，共需耗电1.5千瓦时。

三、设施草莓内循环风机选购与安装注意事项

（1）冬季温室内风机的使用时间较长，因此选购时需要格外注意风机的节能性。草莓生产季8个月，平均每天使用风机3～4小时。选购时应要求每100瓦至少能提供2 500米³的风量。温室内高温高湿的环境，需要选用专用的内循环风机。

（2）要考虑到内循环风机的送风距离。风机的送风距离在超过30米后就达不到要求。草莓栽培上要求风速达到0.3～0.5米/秒，应每间隔20～30米安装1台内循环风机。

（3）温室内发生草莓白粉病后，应该减少或者不使用内循环风机，以防止温室内病害的扩散。

（4）草莓生产中，内循环风机的悬挂高度建议放置在距离草莓植株2～3米的高度（图7-34）。

图7-34 内循环风机的悬挂高度

四、结语

草莓基质栽培生产管理中，内循环风机是一项必要且急需的配置。它的应用可以促成温室内不同位点温湿度的一致性，提升草莓果实的商品性；通过吹落叶片多余养分，避免植株徒长；加快落花速度，减轻灰霉病的发生；增加蒸腾拉力，促进植株对水分和矿质养分的吸收，避免生理病害；在冬季低温寡照季节单独应用能有效辅助二氧化碳气肥的施用，增强光合作用；在夏季高温高湿季节与高压喷雾机配合施用能有效辅助温室内降温，减轻高温病害。需指出的是，采购时应考虑温室适用性、节能性和室内送风距离；安装时应置于室内合适的高度；应用时应结合季节、环境和草莓生长情况，掌握好时机和方法。

（姜展昭）

第八章 CHAPTER8

草莓长势观察与生物授粉

第一节　草莓长势的地上部观察与诊断

草莓长势的地上部观察与诊断主要涵盖定植初期的成活情况、缓苗后的控制长势情况、花芽分化情况、长势强弱情况、留果标准及生理缺素症状等内容。

一、判断草莓定植后种苗成活情况

1.心叶颜色

草莓定植5天后，观察心叶颜色，若心叶呈鲜绿色，则种苗成活；若心叶呈深绿色，则种苗还未成活，需继续观察，并适当进行遮阳处理。

2."吐水"现象

"吐水"是衡量草莓根系是否成活的重要参考。草莓根系成活，则根系开始生长，进行水分代谢，次日清晨易在草莓叶尖上观察到"吐水"现象。

3.植株整体状况

种苗整体瘫软，叶片发暗，则种苗还未成活；若种苗从心叶向外逐步挺立，叶片逐步恢复绿色，则种苗成活。

二、缓苗后草莓长势控制

草莓缓苗后所有管理措施以控为主，其主要目的是降低植株体内氮素水平、促进花芽分化。缓苗后根据草莓种苗长势不同，其管理措施不同。

1.徒长苗

草莓叶片薄且直立，叶色呈淡绿色，株高超过30厘米，冠幅小于20厘米，表明草莓种苗出现徒长现象了。徒长苗管理措施：以加强中耕，适当控制水肥为主。若种苗徒长严重，可叶面喷施氨基酸钾1 500倍液，连续施用2～3次，每次间隔7～10天。注意喷施浓度及频次，以免引起种苗矮化。

2.矮小苗

草莓植株矮小，叶色深绿且有较厚的蜡质层，叶片为近圆形。矮小苗主要是由于根系受伤，导致根部吸收障碍造成的，常见原因为肥害及草莓种苗自身根系较小。矮小苗管理措施：中耕、灌根追施磷肥或促进根系生长的肥料。对于特别弱小的苗要拔除，直接在种苗旁边补种一株正常的草莓苗即可。

近年来，随着基质栽培的快速发展，其问题也越来越多。与土壤不同，基质具有很强的通透性，对水溶速效肥料极为敏感，由于管理不当，草莓基质栽培常发生肥害和旺长现象，此类问题多与定植前基质中掺加过量肥料有关。

三、判断草莓花芽分化情况

9月下旬，草莓定植40天左右时开始进入花芽分化期。外观变化主要有草莓新茎明显增大，植株较矮，叶片呈平铺状态。草莓株高在25厘米左右，冠幅在20厘米左右；叶色略深呈深绿色，且叶片厚度明显增加时，就表明草莓生长进入花芽分化末期，需及时扣棚保温。

若前期草莓种苗留有大量侧芽，会导致此时叶片数量过多，影响植株间通风、透光性，增加病虫害侵染风险；同时会降低花序品质或影响花序抽生。此时正常草莓植株应保留7片左右功能叶，若叶片过多，应进行植株整理，以从植株顶端能零星看到地膜为宜。

四、判断草莓生长情况

能正常结果的草莓植株叶片为淡黄绿色或嫩绿色。若草莓叶色加深呈深绿色，可能是肥料施用过多，或仅钾肥施用量大，或是植株缺水造成；在生产上一般是施肥过量，或肥料浓度过高，或施用频率过多所致。草莓叶面受伤引起叶色变化，要注意观察，及时分析产生原因，针对性地管理。在生产上常用芸薹素内脂、叶面修复剂等来处理。

五、判断草莓留果量

草莓果实膨大、生长需要一定量的叶面积，草莓结果需要正常功能叶

（纵横径4厘米×4厘米以上）5～7片，此时植株留果量以7～12个为宜；正常功能叶小于5片时，留果量以3～5个为宜；正常功能叶小于3片时，留果量以1～2个为宜；若草莓功能叶数量过少，此时无须留果，直接去掉花蕾，避免养分消耗，集中养分促进根系生长。

六、判断草莓健康情况

叶片是反映草莓生长状况的重要标志。若草莓营养失衡，在叶片上很快就会表现出来，可根据叶片变化，诊断草莓生长情况并采取针对性的管理措施。

1.正常叶片

正常草莓叶片呈绿色，表面光泽、挺立，叶片向上微卷呈碗状（图8-1）。

2.缺水症

随着缺水程度加重，叶色逐渐变深，且叶片茸毛逐渐变长，从边缘到其表面更容易被观测到。判断缺水首先观察新叶，新叶作为生长中心，根据其展开状态、叶片是否打卷、叶片茸毛均能说明种苗是否缺水；其次观察新叶是否"吐水"，缺水状态下新叶没有"吐水"现象。

轻度缺水：叶片轻度打卷，失去光泽，叶片边缘能观察到白色茸毛（图8-2）。中度缺水：叶片向后背、打卷，叶色变深，呈深绿色，叶片边缘及表面能观察到白色茸毛（图8-3）。严重缺水：叶色更深，呈黑绿色，叶片表面茸毛非常明显，叶片向后背（图8-4）。这样的现象在干旱黏土地中较为常见。

图8-1　正常草莓叶片　　　　　图8-2　轻度缺水草莓叶片

图8-3　中度缺水草莓叶片　　　　　图8-4　重度缺水草莓叶片

3.缺铁症

铁是不可再利用元素，缺铁首先表现在新叶上。新叶失绿（图8-5），随着缺铁程度增加，叶片褪绿、黄化，呈斑驳状（图8-6），仅叶脉为绿色，严重时叶缘变褐干枯、叶片死亡。缺素症多数是由于草莓根系吸收障碍所导致的生理性缺素，如低温、高温、高湿等导致根系环境不良。

图8-5　缺铁的草莓叶片　　　　　图8-6　高温高湿引起的缺铁症状

4.缺氮症

氮元素是可再利用的元素，缺氮首先表现在老叶上。老叶叶缘发红（图8-7），幼叶、新叶变黄；随着缺氮程度增加，老叶呈锯齿状亮红色，严重时叶片焦枯死亡。现在北京市昌平区温室中栽培草莓的缺氮素症状并不常见。有时施肥过度也会出现缺素症状，原因是草莓根系受伤导致吸收障碍。

5.缺钙症

钙是不可再利用的元素，缺钙首先表现在新叶上。缺钙时幼叶干尖，

图8-7 缺氮的草莓叶片

萼片干黑，严重时从叶片尖端开始皱缩。缺钙在北京市昌平区温室栽培草莓中比较常见。图8-8是草莓叶片不同发病程度和萼片损伤状况。

图8-8 缺钙的草莓叶片

6.缺硼症

缺硼会导致叶片皱缩、花器小、花而不实（图8-9）。与缺钙叶片皱缩有所区别，缺硼症是叶片生长点受损，缺钙是从叶片尖端开始皱缩。

7.赤霉素施用过量

赤霉素施用过量会导致叶片变小，叶色加深，叶柄短缩，花序抽生短。施用赤霉素之前的草莓植株见图8-10，施用过量赤霉素后的草莓植株见图8-11。

图8-9　缺硼的草莓叶片

图8-10　施用赤霉素前的草莓叶片

图8-11　施用过量赤霉素后的草莓叶片

七、结语

草莓栽培各个阶段均有可能出现问题，通过观察草莓地上部，能及时发现问题，并采取针对性措施，从根源上改善或解决栽培过程中的问题，为草莓种苗的健康生长提供技术支持。观察是一种便捷的管理措施，在栽培过程中容易实现，虽然精准度有限，但胜在可操作性强。草莓的任何变化均会在地上部生长中表现出来，因此及时观察、诊断，能缩短病程，降低病害风险。并且地上部观察与诊断相对容易，易于广大农户学习使用。总之，草莓地上部观察和诊断具有预防、控制病虫害的能力，能有效提升果实产量及品质，为提高经济效益奠定基础。

（金艳杰，路河）

第二节　草莓生物授粉技术

设施农业因为管理方便、经济效益好等优点，已经逐渐发展成为高新技术产业，尤其是利用日光温室种植草莓的规模也日益增大。由于草莓是两性花，充分的授粉才能结出光滑周正的果实，这样经济价值才高。温室内一般无授粉媒介，最常采用的激素授粉费时费力，同时又会产生食品污染等其他问题。目前，利用蜂类昆虫为设施草莓进行授粉已经发展成为一项不可或缺的配套农业措施。

一、草莓花的结构及受精原理

　　草莓为蔷薇科多年生草本植物，高 10 ~ 40 厘米，叶为三出复叶，呈倒卵形，聚合果，呈尖卵形，表面光滑。草莓的花为多为两性花，卵形萼片，倒卵椭圆形白色花瓣，1 朵花一般有 5 ~ 8 片花瓣（图 8-12）。草莓花从表面看起来是 1 朵花，但它的结构较特殊，它有雄蕊 30 ~ 40 个，雌蕊离生，200 ~ 400 个螺旋状排列在花托上。草莓外面一粒粒种子就是这些雌蕊生长发育而来（图 8-13）。授粉时，草莓花的上百

图 8-12　草莓花
（图片来源：嘉禾源硕生态科技有限公司）

个雌蕊需要同时受精，种子才能发育好，果实才能更加饱满圆润。授粉时，如果只有部分雌蕊受精了，那没有受精雌蕊处的种子就无法发育，果肉无法生长，所以草莓外表就会有缺陷或者外形长歪，也就是所谓的畸形果。授粉充分的草莓果实饱满，果型周正（图 8-14）。

图 8-13　由雌蕊演变来的种子镶嵌在草莓表面
（图片来源：嘉禾源硕生态科技有限公司）

图 8-14　草莓果
（图片来源：嘉禾源硕生态科技有限公司）

二、草莓授粉方式

不同的授粉方式会产生不同的授粉效果。

1.人工授粉

温室内种植草莓的花期一般在12月到翌年3月。因人工授粉劳动强度大，人工成本高，不适合大面积推广应用。同时，人工授粉易导致植株和果实感染病菌病毒等。为了提高坐果率，果农使用人工微风辅助授粉，此办法虽然提高了授粉效率和坐果率，但授粉不均匀，畸形果率也随之增加，影响了果实品质和产量。

2.蜜蜂授粉

蜜蜂在农作物授粉中起主导作用。授粉是温室草莓种植中一项非常重要的环节。大量的试验数据表明，温室草莓采用蜜蜂授粉与人工授粉相比，增产效果显著，提高了坐果率，减少了畸形果数量。蜜蜂授粉已经是一项常用授粉技术，其成本计算方式如下：蜜蜂可以从12月用到翌年3月，每亩一次性投入成本约500元，相对于人工授粉来说，减少了人工成本。但蜜蜂授粉也有局限性，如对授粉环境要求苛刻，阴雨天不能有效授粉，低温高湿会影响蜜蜂活动，授粉效果差，在15℃以上才出巢访花。而且由于蜜蜂身材细长，为草莓授粉时喜欢停留在花的一侧吸取花蜜，通常需要3～5次才能完成1朵花的授粉。同时，蜂群管理对果农养蜂技术要求较高，不便操作。

3.熊蜂授粉

熊蜂（图8-15、图8-16）属于膜翅目蜜蜂总科熊蜂属。目前，熊蜂是温室果树和蔬菜理想的授粉者，同时也是应用最为广泛的传粉昆虫。

熊蜂比蜜蜂更适合为温室草莓授粉是因为熊蜂的一些活动特性优越于蜜蜂，比如熊蜂采集力旺盛、日工作时间长、能抵抗恶劣的环境、对低温和低光密度适应力强（表8-1）。即使在蜜蜂不出巢的阴冷天气，熊蜂仍继续出巢采集；熊蜂的趋光性较差，不会像蜜蜂那样碰撞棚壁；熊蜂也没有像蜜蜂那样灵敏的信息交流系统，能专心为温室作物授粉，很少从通气孔飞出去；熊蜂能直接适应温室环境，立即授粉，而蜜蜂进入温室需要一段适应过程。

熊蜂使用成本计算如下，每亩授粉需使用1箱，价格在400元左右，使用周期为6～8周。草莓整个花期需要购买2次熊蜂，每亩共投入授粉成本

图8-15　熊　蜂 　　　　　　　　　图8-16　采集花粉的熊蜂
（图片来源：嘉禾源硕生态科技有限公司）　　　　（图片来源：嘉禾源硕生态科技有限公司）

约800元。表面上看熊蜂成本比蜜蜂成本高，但在实际应用过程中，由于温室内环境复杂多变，采用熊蜂授粉比蜜蜂授粉效果更稳定。熊蜂授粉较蜜蜂授粉能显著提高草莓的单果重，降低草莓畸形果率，从而提高草莓单位面积产量（表8-2），同时使草莓更有营养（表8-3）。这种稳定性会给果农带来更高的收益，从而平衡用蜂成本，同时熊蜂比蜜蜂管理简便。

表8-1　意大利蜜蜂和明亮熊蜂为温室草莓的授粉行为比较

授粉行为	意大利蜜蜂	明亮熊蜂
开始访花时间	9:24—9:40	8:00—8:05
停止访花时间	15:29—15:30	15:55—16:05
开始访花温度	>15°	12°～13°
个体日活动时间（秒）	180.00±2.64	271.43±4.48
采集时间（秒）	76.43±3.83	105.71±1.16
平均访花数	2.38±0.15	8.44±0.44
访花间隔（秒）	6.00±0.48	3.81±0.42
每天访早期花（%）	34	55
平均移动距离（米）	1.1	5.2

注：数据来源于《昆虫学报》2006年4月期，作者为中国农业科学院蜜蜂研究所的李继莲等。

表8-2　不同授粉方式对每亩草莓的产量、平均单果重、平均畸形果率的影响

类别	蜜蜂授粉	熊蜂授粉
产量	3 032.8	3 383.8

（续）

类别	蜜蜂授粉	熊蜂授粉
单果重平均值克	8.09	11.08
平均畸形果率	11.08%	5.28%

注：数据来源于《北方园艺》2016年第4期，作者为潍坊科技学院生物工程研发中心彭佃亮等。

表8-3　不同授粉方式对草莓营养成分的影响

营养成分	蜜蜂授粉	熊蜂授粉
维生素C平均含量（毫克/克）	0.597	0.666
可溶性糖平均值（%）	6.03	4.94
可滴性酸平均含量（毫摩/克）	0.126 5	0.123 5

注：数据来源于《蜜蜂杂志》月刊2005年7月期，作者为中国农业科学院蜜蜂研究所的李继莲等。

　　结合以上3种授粉方式的特点以及嘉禾源硕生态科技有限公司客户授粉结果反馈，建议选择使用蜜蜂授粉的草莓种植基地在特殊天气比较集中的季节里加用熊蜂授粉作为必要补充；建议欧美草莓品种或者其他茎秆比较粗壮的草莓品种直接使用熊蜂授粉。

　　草莓使用蜜蜂或熊蜂授粉时需特别注意2点：第一要避免授粉过度现象发生（图8-17），第二就是注意有毒杀虫剂、杀菌剂等药物的使用。

　　授粉过度的避免方法：

　　（1）蜜蜂、熊蜂数量与授粉面积科学匹配。当草莓棚室面积小于1亩，不宜蜂多花少。建议1～2亩地使用60～80只熊蜂或2～3脾蜜蜂，而且最好在盛花期使用。

图8-17　授粉过度草莓花（右下）

　　（2）花量不足时应采取简单应急措施：熊蜂授粉时，观察授粉效率，如有授粉过度现象，选择下午关闭半天蜂箱或隔一天放蜂一次，控制蜂群授粉时间；蜜蜂授粉时，观察授粉效率，如有授粉过度现象，应适当控制蜂群繁殖（如用王笼囚禁蜂王产卵），关小巢门，以减少蜂群的活动，适当补充花粉和糖水等。

（3）特殊的和茎秆或花弱小的草莓品种不推荐使用熊蜂授粉，最好选择蜜蜂授粉。

杀虫剂、杀菌剂等农药的使用注意事项：首先，在种植过程中，不要底施、喷施、熏蒸高毒或高内吸或高残留的药剂，如一颗一片、辛硫磷、甲拌磷、吡虫啉、高效氯氰菊酯、烟熏制剂、乳油类药物、菊酯类药物等，如果在温室中使用过这些农药，很容易在使用蜜蜂或熊蜂时导致蜂死亡或者缩短使用时间。其次，使用蜜蜂授粉时，应先将蜂群搬走，然后施药，并尽量使用对蜜蜂低毒、残效期短的药物，用药后及时放风，在确保蜜蜂安全后再将蜂群搬进棚内继续授粉；使用熊蜂授粉要严格按农药隔离期收蜂放蜂，回收熊蜂时，将可进可出的口关闭，将只进不出的口打开，回收4个小时左右，关闭蜂箱出口，用纱网包裹系紧后搬出。打药时使用熏棚剂隔离20 ~ 30天，杀菌剂隔离3天以上，将农药残留气体排散干净，不要使用杀虫剂熏棚。在使用过程中，如果作物需要打药，请参照用药指南使用间隔（表8-4）。如果所使用的药剂成分与用药指南有出入，尽量联系熊蜂授粉技术人员指导用药，切勿盲目用药。

表8-4　草莓不同作物时期主要病虫害防治药物及蜂箱移出天数

主要病虫害	防治药剂	蜂箱移出天数
灰霉病、白粉病、褐斑病、炭疽病	哈茨木霉菌	1
	嘧霉胺	1
	异菌脲	1
	嘧菌环胺	2
	啶菌噁唑	1
	乙嘧酚	1
	25%嘧菌酯悬浮剂	1
	丁子香酚	1
	6.5%多霉威超细粉尘剂	1
	50%乙烯菌核利可湿性粉剂	1
	70%丙森锌	1
	氟吗啉	1
	65%甲基硫菌灵－乙霉威可湿性粉剂	1
蚜虫、蓟马	溴氰菊酯	3

（续）

主要病虫害	防治药剂	蜂箱移出天数
蚜虫、蓟马	抗蚜威	1
	敌敌畏	3
	苦参碱	1
	鱼藤酮	1
	噻嗪酮	1
	噻虫啉（喷雾）	2
	噻虫啉（灌根）	1
	烟碱	2
	啶虫脒	3
	氟胺氰菊酯	2
	吡虫啉	30
	联苯菊酯	10
	联苯肼脂	5
	异丙威	7
	噻虫嗪	15
	吡蚜酮	1
	矿物油	1
	金龟子绿僵菌RF	1
	唑蚜威	1
斜纹夜蛾	茚虫威	3
	20%氯虫苯甲酰胺	1
	虫酰肼	1
	甲氨基阿维菌素苯甲酸盐	1
	甲萘威	2
	2.5%多杀霉素（×1）	1
	多杀霉素（×2）	2
	印楝素	1
	氟铃脲	2
	氟啶脲	2

（续）

主要病虫害	防治药剂	蜂箱移出天数
斜纹夜蛾	丁醚脲	1
	高效氟氯氰菊酯	30
	高效氯氰菊酯	30
	氯氰菊酯	14
	甲氰菊酯	7
	氰戊菊酯	30
红蜘蛛	快螨特	1
	硫丹	14
	溴螨酯	1
	氟胺氰菊酯	2
	除螨灵	15
	哒螨灵	1
	四螨嗪	1
	杀虫环	1
	三氯杀螨醇	1
	苯螨特	1
	噻螨酮	1
	螺螨酯	7
	苯丁锡	1
	甲氧虫酰胺	1
	乙螨唑	3

注：数据来源于嘉禾源硕生态科技有限公司。

近年来，有关农药对蜜蜂和熊蜂的影响的研究越来越多。譬如天然杀虫剂会损伤蜜蜂和熊蜂的飞行能力。加拿大研究显示，熊蜂的成年蜂在幼虫发育阶段接触到杀虫剂多杀菌素，会损伤它们的飞行能力。还有试验证明新烟碱类杀虫剂噻虫嗪的使用会降低熊蜂的传粉效率。

三、温室草莓使用熊蜂授粉的案例展示

嘉禾源硕公司收集了大量熊蜂应用于温室草莓授粉中的客户案例，这

些案例是草莓熊蜂授粉情况真实的反馈，以供参考。

图8-18 熊蜂在不同草莓花上的采集行为
（图片来源于北京国安农业发展有限公司）

图8-19 熊蜂授粉后圆润饱满的草莓果
（图片来源于阜康市九龙果业有限公司）

图8-20　熊蜂的采集行为和圆润饱满的草莓
（图片来源于江苏东台三仓润丰现代农行产业园有限公司）

图8-21　草莓花和熊蜂的采集行为

（图片来源于深圳市普罗米绿色能源有限公司）

图8-22　立体种植模式的草莓和熊蜂的采集行为

（图片来源于北京金风科技股份有限公司）

图8-23 有土栽培模式的草莓和熊蜂的采集行为
（图片来源于深圳鹏城农夫草莓园）

四、结语

与蜜蜂授粉相比，熊蜂授粉能有效提高草莓果实单果重、果实大小、单位面积产量，改善果实品质。熊蜂授粉方式更适宜为日光温室及大棚的草莓授粉，可以提高产量、产品单价和利润，为农民创造较高的收入。

（张鑫焱）

第九章  CHAPTER9
草莓病虫害诊断与防控

第一节　草莓主要病害的诊断与防治

随着草莓种植面积的增加和品种的多样化，草莓病害日益严重，目前病害的防治仍是以化学防治为主，盲目用药造成农药残留超标，进行草莓病害的正确诊断和科学用药以及综合防控对安全生产尤为重要。草莓的主要病害有白粉病、灰霉病、炭疽病和枯萎病等。

一、草莓白粉病

草莓白粉病可以侵染草莓的各个部位，发病部位着生白粉状物，白粉状物是病菌的分生孢子、分生孢子梗和菌丝。草莓叶部受害后，初期叶背面出现白色霉层，严重时霉层扩大覆盖至整个叶背面，叶缘部向上卷曲（图9-1），有时在叶正面也出现大量的白粉状物（图9-2）；病害后期严重时叶变红，叶缘枯焦。花器受侵染（图9-3）导致开花推迟，花器畸形或死亡，降低花粉数量和花粉活力，坐果不良。果实受侵染，影响商品价值（图9-4）。青果受侵染着色缓慢，果实变硬，表面着生白粉状物。

图9-1　草莓白粉病叶向上卷曲

图9-2　草莓白粉病叶正面白粉斑

图9-3　草莓白粉病危害花器症状　　　　图9-4　草莓白粉病危害果实症状

草莓白粉病是一种真菌性病害，白粉病菌是专性寄生菌，在寄主组织表面寄生，通过形成吸器从寄主组织中吸取营养影响寄主的正常生长发育和光合作用，病原菌通过气流、人工操作和昆虫等传播扩散，一个生长季白粉病菌可完成多个侵染循环。不同草莓品种对白粉病菌的抗性不同，红颜是易感病的品种。北京地区白粉病发生严重与种植易感病品种有关。

草莓白粉病的防治主要有3项措施：①选择抗病品种。甜查理、童子1号等欧美品种比较抗病，红颜、章姬等品种易感病。②对栽培环境和种苗进行消毒。保护地种植草莓在定植前进行棚室消毒，覆盖棚膜后采用硫黄＋敌敌畏熏蒸，可按每100米^{2}用硫黄粉0.27～0.45千克与0.9千克锯末或其他助燃剂点燃熏蒸，密闭熏闷一昼夜。③药剂防治。在发病初期开始用药，药剂可选择三唑类杀菌剂或氟菌·肟菌酯，三唑类药剂避免连续多次使用，防止药害和抗药性问题。

二、草莓枯萎病、根腐病和炭疽病

草莓在育苗阶段和刚刚定植后经常出现死秧问题，主要是镰刀菌属真菌引起的枯萎病、根腐病以及炭疽病等病害导致死苗（图9-5、图9-6）。

图9-5　草莓枯萎病引起的死苗　　　　图9-6　草莓炭疽病引起的死菌

引起草莓死苗的镰刀菌与白粉病菌不同，它是条件致病菌，草莓生长的环境是主要原因，其次是病原菌本身。2017年夏天北京市的密云区、昌平区和延庆区草莓死苗现象很普遍，主要与夏季连续高温、连年种植以及育苗基质重复利用等有关。镰刀菌引起的枯萎病和根腐病的防治主要是创造一个草莓适宜的生长环境，包括土壤、肥水和环境的温湿度，一旦发生，用药剂控制只是缓解。草莓炭疽病的发生与雨水密切相关，通过避雨育苗可以控制草莓炭疽病的发生。草莓种植时应避免采用携带有草莓炭疽病的种苗。

三、草莓灰霉病

该病害主要发生在采果期。果实受侵染后，受侵染组织颜色变成浅褐色至褐色，病斑逐渐扩大，果实腐烂，腐烂组织表面有大量的鼠灰色霉层，即病菌的分生孢子梗和分生孢子（图9-7～图9-9）。花器受侵染后，花瓣、花梗等枯萎变褐，严重时会导致整朵花及花序死亡。叶部受侵染后，病斑无定形，呈褐色（图9-10），严重时整个植株可能被感染，甚至引起植株死亡（图9-11）。

草莓灰霉病是一种真菌性病害，发生的适宜温度为20～25℃，25℃以上不利于草莓灰霉病的蔓延；灰霉病发生的适宜相对湿度为80%以上，冬春棚室内低温高湿的环境有利于灰霉病的发生。当日光温室内日平均温度在15～25℃、相对湿度高于80%时，草莓灰霉病容易发生；若遇上连阴雨天气，田间湿度较大，病害更容易迅速传播。当日光温室内的相对湿度低于50%时，不易发生灰霉病害。

图9-7　果实病部着生的鼠灰色霉状物

图9-8　果实病部浅褐色腐烂

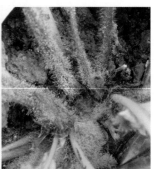

图9-9　灰霉病引起的果实　　图9-10　叶片感染灰霉病　图9-11　整株感染灰霉病
　　　　腐烂

　　草莓灰霉病防治：首先是控制好温室内的温度和湿度，并及时放风；其次，应摘除病组织，摘病组织时要用一桶药液，将病果、病花随摘随放入药液桶中，进而避免分生孢子的飞散传播。此外，进行药剂防治，推荐应用的药剂有唑醚·氟酰胺、啶酰菌胺和咯菌腈，寡雄腐霉菌剂也是一种比较好的防治灰霉病的生物菌剂。

四、结语

　　在草莓生产中，白粉病、灰霉病、炭疽病和枯萎病等一些侵染性病害经常发生，但值得注意的是，病害的发生除与病原菌本身有关外，不良的环境因素也是这些病害发生的重要诱导因子。防治草莓病害，品种的选择尤为关键，不同品种的抗病性差异非常明显。在生产中，在满足草莓品质要求的同时，应适当考虑选用一些抗性强的品种，如随珠对白粉病的抗性就明显好于红颜。随着人工智能的应用与普及，通过对温室设施条件的自动调控来防治病害发生也是一个重要的发展方向，创造不利于病害发生的环境条件，如利用补光及温湿度调控的生态调控技术来防治病害。此外，利用生物防治技术、生物与化学协调应用等绿色防控技术的应用前景也非常广阔。

（李兴红）

第二节　寡雄腐霉菌防治草莓根腐病和炭疽病

　　根腐病和炭疽病是草莓生产上的常见病害，也是危害较为严重的病害。根腐病主要危害草莓根系，炭疽病主要危害草莓地上部，是生产中不得不防的病害。寡雄腐霉菌是一种活体微生物菌剂，也是自然界本身存在的一种生物菌。寡雄腐霉菌可以通过寄生作用直接吸收致病菌菌丝内的营养物质，从而杀死致病菌；寡雄腐霉菌还能分泌多类菌素，抑制致病菌菌丝的生长。研究表明，寡雄腐霉菌对镰刀菌、疫霉菌、腐霉菌和轮枝菌等24种病原真菌有直接的寄生作用，对草莓根腐病和炭疽病有非常好的防治效果。

一、草莓炭疽病

1.识别诊断

草莓炭疽病主要发生在育苗期（匍匐茎抽生期）和定植初期，结果期出现的很少。主要危害匍匐茎与叶柄，叶片、托叶、花、果实等部位也可能会感染（图9-12）。发病的初期，病斑水渍状，扩大后呈纺锤形或椭圆形，3～7毫米，病斑逐渐变为黑色或中央褐色、边缘红棕色。病斑发生在匍匐茎和叶柄上，可扩展成环形圈，造成上部萎蔫枯死。湿度高时，病部可见鲑肉色胶状物，即分生孢子堆。该病除了引起局部病斑外，还容易导致病感品种的子苗整株萎蔫，初期1～2片展开幼叶失水下垂，傍晚或阴雨

图9-12　草莓炭疽病

天仍能恢复原状。病情严重时甚至全株枯死。此时若切断根冠部，可见横切面上自外向内发生褐变，但维管束不变色。

2.发病规律

病菌在患病组织或植株残体内越冬，显蕾期开始在近地面植株的幼嫩部位侵染发病。发病适温28～32℃，属于高温型土壤传染病害。病菌主要通过雨水等传播。发病盛期多在匍匐茎抽生期以及假植育苗期。草莓连作地的病发较为严重，植株徒长、栽植过密、通风不良时容易发病。

3.防治方法

（1）灌根　草莓苗定植缓苗后，使用寡雄腐霉菌3 000倍液（或每亩用量20克）灌根，连续2～3次，每次间隔10～15天，可有效预防草莓炭疽病，降低死苗率，并促进草莓根系生长。

（2）叶面喷施　草莓母株匍匐茎伸出后，使用寡雄腐霉菌3 000倍液（或每亩用量20克）进行叶面喷施，重点喷施子苗，喷施时将子苗及其根系土壤喷透，连续喷施3次，每次间隔10～15天，可有效预防炭疽病对草莓苗的侵害。

二、草莓根腐病

1.识别诊断

草莓根腐病植株的根系比健康植株的根系短小，颜色灰暗，地下部不定根大量死亡，新生根受到病原菌的侵害，生长稀疏。根部受害，吸收能力下降，又导致水分、无机物和营养物质不能正常输送，致使地上部弱小或整株青枯（图9-13）。

图9-13　草莓根腐病

草莓根腐病分为：

（1）**急性型**　草莓根腐病多在春夏两季发生，从定植后到早春植株生长期间，外观上无异常现象，但久雨初晴后叶尖突然凋萎，不久呈青枯状，引起全株迅速枯死。

（2）**慢性型**　草莓根腐病在定植后至初冬均可发生，植株呈矮化萎缩状。下部老叶叶缘变紫红色或紫褐色，逐渐向上扩展，全株萎蔫或枯死。根系先从幼根先端或中部变成褐色或黑褐色而腐烂，后中柱变红褐腐朽。严重时，病根木质部及髓部坏死褐变，整条根干枯，地上部叶片变黄或萎蔫，最后全株枯死。检视根部，可见根系变褐腐朽，易拔起，剖开主根，中心柱变为赤褐色（图9-14）。

图9-14　草莓红中柱根腐病

2.发病规律

该病是低温病害，土壤温度低、湿度高易发病，地温6～10℃是发病的适温条件，地温高于25℃时一般不会发病，大水漫灌或排水不良地块的病害较为严重。另外，重茬连作地、植株长势弱、低洼排水不良、大水漫灌、土壤缺乏有机质、偏施氮肥、种植过密等因素都会加重病情。草莓红中柱根腐病的发生具有突然性和毁灭性。

3.防治方法

子苗移栽后，使用寡雄腐霉菌3 000倍液（或每亩用量20克）灌根，连续2次，每次间隔7～10天，可促进草莓根系生长，有效预防草莓红中柱根腐病的发生。

三、结语

草莓根腐病是一种土传病害，主要危害根系，目前较为有效的治疗方式是将药剂浇灌于草莓根系之中。草莓炭疽病主要危害植株根部以上部位，目前常采用种苗定植后的灌根处理和叶面喷施相结合的防治方法。相比于寡雄腐霉菌，化学药剂在杀灭有害菌的同时，也会大量杀灭有益菌，因此长久使用会造成草莓根系有益菌数量减少及有害菌大量繁殖，不利于草莓的生长。使用寡雄腐霉菌灌根和叶面喷施，可有效杀灭病原菌，还能促进有益菌的增加，是防治草莓根腐病、炭疽病的理想药剂。另外，草莓是一种鲜食类水果，在盛果期大量使用化学药剂会造成果实农药残留物超标，引起食品安全事件，使用生物菌剂则可减少此类事件的发生。

综上所述，寡雄腐霉菌作为一种新型的微生物菌剂，其特有的速效性、安全性、无抗药性等优势，在草莓生产的病害防控领域具有很好的应用前景。

（李刚平）

第三节　草莓主要虫害及防治

目前国内草莓根据栽培时间可分为冬季草莓和夏季草莓，冬季草莓的主栽品种为红颜、章姬和甜查理，夏季草莓则以蒙特瑞、圣安德瑞斯、波特拉、阿尔比为主。冬季草莓定植后常见的主要害虫包括红蜘蛛、蚜线螨、蚜虫、蓟马、夜蛾、粉虱等，其他非主要害虫包括蝗虫、胡蜂、跳虫、叶蝉等，其中又以二斑叶螨（*Tetranychus urticae* Koch）、茶黄螨[*Polyphagotarsonemus latus* (Banks)]、棉蚜（*Aphis gossypii* Glover）、西花蓟马[*Frankliniella occidentalis* (Pergande)]、斜纹夜蛾[*Spodoptera litura*（Fabricius）]这5种害虫最为普遍。虫害发生时会严重影响草莓的产量和品质，有时甚至造成毁园，造成严重的经济损失。种植户由于缺乏不同害虫为害特点的相关知识，无法做到早期防治或抓住防治节点，造成防治效果差，甚至滥用农药的现象。本节主要介绍以下几种主要害虫的为害特征以及防治节点，以供种植户在生产实践中参考。

一、草莓红蜘蛛

1.种类

草莓红蜘蛛有时也叫黄蜘蛛、白蜘蛛，是为害草莓最主要的害虫之一，包括黄绿色的二斑叶螨（图9-15）和土耳其斯坦叶螨、红色的朱砂叶螨（图9-16）和截形叶螨、红褐色的神泽氏叶螨等。其中二斑叶螨的发生最为普遍和严重，该螨体色会随着叶片受害程度的加重由黄绿色变为黄白色，因此有些地方也称其为黄蜘蛛或白蜘蛛；土耳其斯坦叶螨则主要发生在西北地区；朱砂叶螨、截形叶螨全国性分布，但没有二斑叶螨普遍；神泽氏叶螨则主要分布在浙江以南地区，偶尔发生。

图9-15　二斑叶螨

图9-16　朱砂叶螨

2.发生特点

红蜘蛛的一生包括卵、幼螨、第一若螨、第二若螨、成螨5个阶段，卵圆形，白色到黄色，幼螨3对足，若螨之后均为4对足，虫体极小，成螨仅0.4毫米。不同红蜘蛛的发生特点及为害特征基本相同，它们主要在草莓的叶背刺吸植物汁液。轻微发生时，叶肉细胞被少量破坏，叶片正面会出现成团状小白点（图9-17）；随着红蜘蛛数量上升，小白点越来越多，并连成片（图9-18）。严重时叶片边缘出现丝网（图9-19）。大量的红蜘蛛借助丝网

图9-17　二斑叶螨初期为害状

图9-18　二斑叶螨中度为害状

迁移为害，此时叶片细胞严重受损老化，叶背局部或全部变为红褐色（图9-20），叶面失去光泽，叶片僵硬并失去部分或全部生理功能，严重影响草莓的光合作用，造成植株矮小、产量下降，甚至绝收。

图9-19　红蜘蛛严重发生时叶缘出现丝网　　图9-20　红蜘蛛严重发生时叶背红褐色

　　生产苗的调运是红蜘蛛远距离传播的主要途径，劈叶、摘果等农事操作则是棚内传播的主要方式。高温干燥会诱导红蜘蛛发生，低温时种群发展速度缓慢，高湿能抑制种群发展速度。在合适的温湿度条件下，比如每日温度8～28℃、相对湿度30%～85%时，红蜘蛛的发展速度相对较快。因此在3月，随着温度的上升，各地红蜘蛛经常暴发，其原因主要在于11月至翌年2月这段时间，草莓处于连续的花果期，虽然日平均温度较低，种群发展速度较慢，但由于草莓花果期对杀螨剂较敏感，用药极少，因此它的种群数量始终在缓慢积累，当3月温度突然升高时，比如最高温达30℃时，大量的卵和幼若螨能快速发育为成螨并产卵，从而暴发。此外，日光温室因为温度更高，红蜘蛛的发生比冷棚更早也更严重一些。总之红蜘蛛的发生具有前期不易发现，但暴发性强的特点。

　　3. 防治

　　二斑叶螨的日产卵量可达10粒以上，表明它的繁殖能力极强，所以要早发现早防治，避免种群数量上升到一定程度。草莓属于低矮作物，用药的防治死角较多，残留的二斑叶螨具有强大的繁殖能力。此外，种群数量越大，具有抗药性的个体就多，很快就能恢复为害。

红蜘蛛的防治还要结合栽培措施，抓住防治节点。草莓低矮且叶片多，用药本身就难以均匀彻底，这是红蜘蛛难防的最主要原因。第一个节点是每次劈叶后，草莓在整个栽培过程中需要经常劈叶，尤其是显蕾前，虽然每次劈叶都会传播红蜘蛛，但劈叶后，叶量减少，用药相对容易透彻，因此每次劈叶都是防治它的重要节点。第二个节点是显蕾开花前，草莓显蕾开花后需要保留叶，因此在显蕾开花前是最重要的节点，此时是整个花果期叶量最少的阶段，药容易打透，连续预防2次，可以显著减少整个花果期的用药次数，降低药剂伤花伤果的可能，同时有利于食品安全。第三个节点则是开春后，在温度上升前或初期重点防治1次，可以避免或减轻3月后高温期暴发红蜘蛛为害的可能。

红蜘蛛的用药要注意搭配及温度。目前常用的杀螨剂在推荐用量下，不能做到虫卵通杀或者杀卵的效果不够理想，比如联苯肼酯、丁氟螨酯、乙唑螨腈等，因此在药剂搭配中要加入专用的杀卵剂，比如噻螨酮、乙螨唑、螺螨酯、四螨嗪等。阿维菌素、乙螨唑、唑螨酯、螺螨酯等只能在22～28℃用药，而联苯肼酯+噻螨酮、丁氟螨酯+四螨嗪等则可以在相对较宽的温度范围内使用，既保证药效又避免药害。需要强调的是：绝对不能在草莓上使用克螨特（国产同类药为炔螨特），该药在草莓上具有严重药害。

化学农药的主要作用是在害螨暴发时能快速降低红蜘蛛的数量，但草莓用药不易做到均匀透彻以及红蜘蛛具有抗药性高的特点，残留红蜘蛛在强大的繁殖力下，用药后经常很快出现再次暴发的情况。因此，发达国家的草莓生产均大量采用捕食螨来防治红蜘蛛，因为捕食螨是活体生物，当它被释放到草莓上会主动搜寻红蜘蛛，捕食之后还能产卵，从而产生更多的捕食螨，然后消灭所有打药死角上打不到以及具有抗药性打不死的红蜘蛛，消灭掉这部分虫源，就能避免红蜘蛛再次快速暴发，控制期更长。目前，国内已经商品化且对草莓红蜘蛛有效的捕食螨有智利小植绥螨、加州新小绥螨、胡瓜钝绥螨和巴氏钝绥螨等，其中智利小植绥螨和加州新小绥螨的应用效果最理想。

智利小植绥螨只能取食红蜘蛛，食性专一，但因为食性专一，只能采用红蜘蛛作为食物进行培养，因此生产难度大、成本高，每瓶包装通常仅有3 000只，销价高达80元/瓶，是加州新小绥螨（25 000只/瓶）的4倍，同时它对农药的耐受性极差，因此在实际应用中限制很多。

加州新小绥螨在生产中无须使用红蜘蛛作为食物，因此生产相对容易、成本较低，常见的包装为每瓶25 000只，售价仅为20元。此外，加州新小绥螨具有以下显著的优势：①不仅喜好捕食红蜘蛛，还能捕食蓟马或取食少量花粉以维持生命，因此当它被释放到田间后，如果红蜘蛛数量不足，它也能捕食其他食物以维持生命，即使没有任何食物也能存活15天，因此在田间的存活期和对红蜘蛛的控制期也更长；②加州新小绥螨对农药的耐受力极强，目前已知有40多种化学农药不会对其造成伤害，这些农药在释放加州新小绥螨后仍然可以使用，因此在实际应用中具有较强的可操作性；③加州新小绥螨在25℃时每天可产3～4粒卵（而其他几种捕食螨只有1～2粒），从卵发育到成虫仅需要5～6天，繁殖能力几乎接近红蜘蛛，因此只要在红蜘蛛未发生或发生初期释放足够的加州新小绥螨，然后每30天补充1次，就能长期有效地控制红蜘蛛的为害。

捕食螨的具体释放方法有3种：①在草莓定植后就释放加州新小绥螨，此时每株草莓释放25只左右（即每瓶释放1 000株）；②在草莓显蕾初期，使用选择性杀虫剂防治红蜘蛛、蚜虫、蓟马，等到农药残留期过后再释放捕食螨，此时仍然是每瓶释放1 000株进行预防；③已经发现红蜘蛛为害，在释放前采取推荐的杀螨剂处理，每瓶释放700株，严重区域（比如出现结网现象）每瓶释放500株。释放捕食螨的间隔周期为30天。此外，捕食螨应用成功的关键是：必须从供应商处获得农药使用指南或手册，在发生其他病虫害必须采用化学防治时，使用推荐的不伤害捕食螨的选择性药剂，就能达到防治其他病虫害同时又保护捕食螨存活的目的。

二、草莓跗线螨

1.种类

草莓上的第二大害螨是跗线螨，会局部地区严重发生，会造成严重的经济损失。比如云南地区的夏季草莓，目前跗线螨已经上升为其最主要的害虫之一，冬季草莓中也呈扩散的趋势。为害国内草莓的跗线螨主要有2种，分别为侧多食跗线螨（茶黄螨）和仙客来螨（*Tarsonemus pallidus* Banks）。

2.发生特点

草莓跗线螨的个体比红蜘蛛更小，发育阶段也分为卵、幼螨、若螨、成螨4个阶段，卵为白色棒状，幼螨3对足，若螨之后因为有1对足在发育过程中退化，也为3对足。虫体极小，肉眼完全不可见，只能通过放大镜或生物解剖镜才能见到虫体，因此为害极为隐蔽。如果不进行专业检查，一般只有当草莓表现出为害症状之后才会被发现。跗线螨实际上早就在草莓上发生为害，甚至极为严重，然而由于它的为害症状与病毒病或蓟马类似，所以常被误诊误治，直到近些年才引起重视。

它主要生活在草莓的幼嫩组织中，比如幼嫩的生长点（心叶、幼叶等）或叶柄与假茎之间以及花器内，刺吸植物组织汁液，造成植株矮化、新叶卷曲或皱缩（图9-21）、叶面暗淡无光泽、花器发黑、果面锈色、果实僵硬（图9-22）等症状。叶部症状类似病毒病与缺钙，但又与病毒病有明显的区别。草莓最常见的病毒病主要由2种病毒同时感染引起，症状同时具有皱缩畸形和黄化的特征，但跗线螨的为害不会导致黄化，其次病毒病的叶片通常有光泽，而跗线螨为害的叶片暗淡无光。草莓缺钙的主要特征为新叶叶尖发黑干缩，其他部分正常，从而引起叶片皱缩畸形，但跗线螨引起的皱缩畸形在叶尖上没有发黑干缩的现象，这是最大的区别。

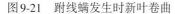
图9-21　跗线螨发生时新叶卷曲　　　　图9-22　跗线螨发生时花器发黑、锈果

跗线螨与红蜘蛛相同，高温干燥也有利于它的发生。种苗传播同样是它的主要传播途径之一，前茬为茄果类作物，后茬栽种草莓，发生跗线螨为害的可能性较大。此外，它能随着草莓的匍匐茎和花枝进行株间传播，但它只在嫩叶上发生，随着叶龄增大向嫩叶以及生长点迁移。

3.防治

由于草莓跗线螨为害部位隐蔽，症状容易与其他病虫害混淆，所以为害前期极难发现，且症状表现缓慢，一旦发现就是中后期，此时大量生活在生长点部位的跗线螨很难根除，反复用药就是必然的结果，但草莓生长点被层层叶柄包裹的特点导致用药的效果不甚理想。因此，杜绝带虫苗入棚是极为重要的。定植前根据上述跗线螨的症状，做好查苗工作，剔除带虫苗。对带虫的部分种苗，应尽早做好防治工作。此外药剂选择要考虑内吸性的药剂。

移栽成活后是防治草莓蚜线螨的重要节点，但是大多数生产者很难判断草莓苗是否携带蚜线螨，所以无论是否发生，建议生产者结合定植后第1次劈叶措施，在打老叶的同时将卷曲叶劈掉，然后及时用药，间隔5～7天连续预防2次，药剂可以采用阿维菌素＋吡虫啉（或螺虫乙酯、噻虫嗪等），同时预防芽线虫，此外43%联苯肼酯悬浮剂＋噻螨酮等杀螨剂也是有效的配方，但都必须打透心叶，才能在一定程度上抑制它们，仅按红蜘蛛的施药方法只打叶背是无效的。药剂防控后，及时释放加州新小绥螨，消灭未死的蚜线螨，并阻止它的传播，以长期防控蚜线螨的为害。

三、蚜虫类害虫

1.种类

草莓蚜虫的种类较多，主要有棉蚜、菜蚜、桃蚜等，不同蚜虫以及相同蚜虫不同发育阶段的体色变化较大，从颜色上可分为黄蚜、黑蚜、绿蚜、粉蚜等。在形态上又可分为有翅蚜和无翅蚜，它们可能单独存在或同时存在，主要以无翅蚜为害为主，也有有翅蚜的传播。

2.发生特点

蚜虫的生殖方式主要为卵胎生，基本不产卵，卵在母蚜体内发育，直接生出子蚜。蚜虫的为害有明显的趋嫩性，发生初期主要是集中在心叶、幼叶以及花器上刺吸植物组织汁液为害（图9-23），偶尔发生在老叶上，但都在叶背、花萼背为害（图9-24），种群数量大时甚至能钻入未开放的花

图9-23　蚜虫为害幼叶　　　　　图9-24　蚜虫为害草莓花器

内，增加防治难度。为害时还具有明显的聚集性，通常发生初期仅在几株或几块小区域内为害，全园大面积暴发的情况少见。

草莓心叶和幼叶受害后会引起成叶扭曲变形，形似病毒病；花器受害，则导致畸形果；它的排泄物能诱发霉烟病，污染叶片、花枝、果实，从而影响草莓品质。此外蚜虫是草莓病毒病的主要传播媒介，引发的病毒病甚至超过它的直接为害。有研究表明，除非将草莓与病毒来源进行严格隔离，并且将蚜虫种群始终控制在极低水平，否则在2周内草莓病毒病的传播几乎100%会发生，但病毒由草莓叶片传至生长点的过程极为缓慢，因此田间少见大面积暴发病毒病的情况。

高温干燥能抑制蚜虫的生育发育，通常日最高温度达到32℃以上，它的产卵数就会显著下降，子代死亡率会明显上升，种群数量会快速下降。

3. 防治

生产上防治蚜虫的常用药剂有吡虫啉、啶虫脒、螺虫乙酯、吡蚜酮、噻虫啉、噻虫嗪、呋虫胺、烯啶虫胺、高效氯氟氰菊酯等，然而蚜虫与红蜘蛛类似，繁殖力强、世代重叠严重，很容易产生抗药性，目前各产区的蚜虫对上述药剂均有不同程度的抗药性，尤其是黄蚜。新开发的有效成分有氟啶虫胺腈、氟啶虫酰胺、溴氰虫酰胺等，效果更为理想。对蚜虫有效的药剂较多，在生产上要注意轮换，但吡虫啉、高效氯氟氰菊酯等药剂对蜜蜂有较大的杀伤力，因此在花果期要慎用，相对安全的药剂有氟啶虫胺腈、氟啶虫酰胺等。

种植户在生产中经常反应蚜虫杀不死的情况，除了抗药性原因外，更重要的原因是蚜虫在发生上有趋嫩性，经常在草莓新叶还未完全展开时，它就已经在3片小叶之间为害，而且又主要集中在叶背为害，因此打不透是主要原因之一。在生产上蚜虫的防治要结合栽培管理措施，做到适期防治，才能事半功倍。蚜虫防治的重要节点仍然是每次劈叶之后，此时叶量少，容易打透，不仅要全株喷透，更要打透叶背，尤其要重点照顾新叶。另一个重要的节点在盖大棚膜之后，盖大棚膜之后草莓与外界相对隔离，此时控制好蚜虫，可以减少整个花果期蚜虫的发生，因此务必抓住顶花大量开放之前，用药打透心叶、叶背、花序，尤其是花萼背面，通常间隔3～5天，连续喷雾2次，减少盖大棚膜后的虫口基数，以尽量避免花期用药。

除化学防治外，物理防治中的黄板经常被用于防治蚜虫，但黄板对蚜虫的意义没有果蝇那么大，因为蚜虫的主要为害虫态为无翅蚜，有翅蚜的数量极少，黄板对无翅蚜无效。但黄板对蚜虫的监测意义明显，能粘到蚜虫就说明蚜虫的种群开始上升并向外扩散，表明此时需要进行防治。

蚜虫的生物防治目前主要以瓢虫为主，市场上有异色瓢虫、七星瓢虫等，但瓢虫类生物对短日照和低温比较敏感，因此瓢虫在每年的11月至翌年2月之间不能使用，效果较差。此外蚜虫还有其他一些天敌，比如烟盲蝽、蚜茧蜂等，但没有大量生产，供货量不足。

四、蓟马类害虫

1.种类

草莓蓟马种类较多，常见的黄胸蓟马[*Thrips hawaiiensis*（Morgan）]、棕榈蓟马（*Thrips palmi* Karny）、西花蓟马等。西花蓟马原产于北美洲，目前几乎全世界均有发现，是草莓上的主要蓟马之一。

2.发生特点

蓟马的发育过程包括卵、若虫、预蛹、成虫4个阶段，卵产于植物幼嫩组织表皮之下，若虫白色或淡黄色，为害植物嫩叶和花器，预蛹落入土壤表层下羽化，成虫黄色至深褐色，虫体细长，一般不到2毫米，具有缨翅，能进行短距离飞翔，以刺吸植物汁液进行为害。蓟马在草莓开花前，一般只在心叶内为害，少量为害刚展开幼叶的叶背，成叶不再受害。心叶受害后，叶片正面叶脉附近出现发黑现象（图9-25），但此时叶片上找不到蓟马，它们已返回心叶内继续为害。当草莓显蕾或开花后，大部分蓟马均转入花器为害，此时在叶片上基本不再发生。当花器受害后，会引起柱头发黑，果实锈色或裂果（图9-26）。蓟马的产卵、为害以及羽化习性，大大增

图9-25 蓟马为害后导致叶脉发黑

图9-26 蓟马为害后导致果实锈色

加了防治的难度。此外，蓟马的寄主繁多，草莓园周边的开花植物上存在大量虫源，当这些植物枯萎或花期之后蓟马会大量迁移到草莓上继续为害，这也是蓟马难防难治的主要原因。

3. 防治

草莓移栽成活后防治蓟马的第一个重要节点是当周边有其他大片开花植物停止开花后，及时防治蓟马，此时用药必须打透心叶。第二个防治节点仍然是草莓显蕾时，必须在第1序花的顶花露白之前，连续防治2遍，阻止蓟马进入花器，因为花器结构复杂，用药难度大，效果不理想。如有必要，在盖大棚膜后再防治1次，此时草莓与外界环境相对隔离，防治彻底后对减少花果期用药具有重要意义。此外，在喷药方法上，草莓开花前必须打透心叶，才能防治小叶之间的蓟马；开花后，喷透心叶和幼叶的叶背则显得意义不大，因为此时绝大部分的蓟马都在花和幼果上，因此在花果期使用雾化好的喷雾器对着花果打，效果反而要比打透好，雾化好的喷雾器，用水量相对较少，也可以有效减少对授粉的影响，从而尽量避免出现畸形果。用药时间上应尽量避开授粉高峰期，在下午3时以后，最好是傍晚日落前用药，因为蓟马畏光。此外，当花器内蓟马平均数量不足5只时可以不打药，到8只时需尽快用药，到10只则需马上用药，否则必然出现黑花、锈果或僵裂果。

目前蓟马对大多数常用药剂均产生了不同程度的抗性，有效的药剂不多，乙基多杀菌素（艾绿士）是目前常用并且被农户认可的药剂之一，且因为对蜜蜂安全、花期可用，所以得到大量的使用，但必须注意抗药性问题。甲氨基阿维菌素苯甲酸盐、高效氯氟氰菊酯也是有效药剂，但它们对蜜蜂剧毒，在花期不能使用，此外对蚜虫有效的啶虫脒、氟啶虫胺腈（特福力）、溴氰虫酰胺（倍内威）等也有作用，但在杀伤力上不如乙基多杀菌素。

蓝板配合食诱剂的使用对蓟马的防控具有一定意义，同时也能监测蓟马的发生，指导防治时间。东亚小花蝽、南方小花蝽是它的有效捕食性天敌，但国内目前相关产品的产业化有限，不容易购买。球孢白僵菌、金龟子绿僵菌、玫烟色拟青霉、蜡蚧轮枝菌等虫生真菌均可感染蓟马，但在草莓产区中这些虫生真菌对蓟马的防效还未得到测试和确定，此外它的使用要求田间较高的湿度，是否会引发灰霉病也有待论证。

加州新小绥螨和斯氏钝绥螨对蓟马的1龄若虫均有捕食能力，但必须结合其他防治措施才能有效控制蓟马的为害。捕食螨的使用方法见上文红蜘蛛部分。

五、鳞翅目害虫

1.种类

草莓上的鳞翅目害虫主要有棉铃虫、斜纹夜蛾、甜菜夜蛾、菜青虫等。农户一般俗称斜纹夜蛾为青虫。

2.发生特点

鳞翅目害虫主要为害育苗期，秋季定植后一般可为害至11月初，显蕾开花后极少发生或偶尔发生。鳞翅目害虫的发育阶段包括卵、幼虫、蛹成虫。卵产于叶背，幼虫取食草莓叶片为害，偶尔为害花器和幼果，为害初期叶背的叶肉被取食，留下叶面膜状蜡质层（图9-27），随着幼虫发育，龄期增大、食量暴增，叶片受害后形成缺刻或孔洞。此外，幼虫在3龄之前全天均在叶片上为害，当发育到4～5龄后，生活习性则趋近于成虫，表现昼伏夜出的习性，白天基本在土块下等荫蔽处（图9-28），傍晚后才出来为害，此时为暴食阶段，为害特别严重，抗药性也高。

图9-27　斜纹夜蛾3龄前幼虫在叶背为害　　图9-28　斜纹夜蛾5龄幼虫在地面

3.防治

多数常用药剂对鳞翅目害虫卵的作用较差，而且在生产中农户一般无法准确掌握害虫的产卵高峰期，所以很难采取预防措施。然而当鳞翅目害虫发育到4～5龄暴食阶段后，食量大、为害严重、抗药性强，很难防治，所以防治鳞翅目害虫的关键是在3龄幼虫之前，及时发现田间出现的初期为害状（叶肉被食，叶面出现膜状蜡质层），应及时喷药防治，3龄前的幼虫抗药性相对较弱，且全天均在叶片活动，比较好用药，防治效果较理想，幼虫发育到4～5龄就表现出夜行性，用药难度增大，此时必须根据它的活动习性，在傍晚日落前后喷药，效果更好。

常用药剂有苏云金杆菌乳油、阿维菌素、甲基阿维菌素苯甲酸盐、氯虫苯甲酰胺、甲氧虫酰肼、茚虫威、高效氯氟氰菊酯等，也可采用炒香豆粕配上敌百虫等诱杀剂进行诱杀。白僵菌等虫生真菌类药剂是否有效与使用期间田间湿度有明显的相关性。此外核型多角体病毒类药剂，也有效果，但田间的实际使用效果起伏较大。

六、粉虱类害虫

1.种类

草莓上的粉虱类害虫主要有2种，分别为温室白粉虱[*Trialeurodes vaporariorum*（Westwood）]和烟粉虱[*Bemisia tabaci*（Gennadius）]，其中又以外来物种烟粉虱的发生较为普遍，寄主众多。烟粉虱个体较小，停息时双翅呈屋脊状，而温室白粉虱个体较大，停息时双翅较平展。

2.发生特点

粉虱的发育经历卵、若虫、成虫等阶段，卵淡黄至褐色，呈长椭圆形，若虫淡黄色扁平，成虫白色，长约1毫米，具短距离飞翔能力。尽管烟粉虱在我国南北均有分布，但主要为害北方的温室草莓，尤其是套种番茄的草莓大棚，南方冷棚或露地冬草莓极少发现。粉虱成虫具有明显的趋嫩性，并在嫩叶上产卵，然后以若虫刺吸叶片汁液为害，由于草莓每7～14天长出1片新叶，卵在中老叶片上发育为若虫，所以受害更重些。为害严重时，叶片失绿或轻微扭曲，大量的排泄物会诱发霉烟病，影响草莓的商品价值。

但是草莓并非粉虱最好的寄主，在北方同时种植草莓和番茄的日光温室内，番茄上的虫量远远超过草莓，而草莓受害不重。育苗阶段，如果周边有感染粉虱的作物，比如茄果类蔬菜，那么轻微感染粉虱的草莓苗便被带入生产棚，由于只有草莓，加上防治不当，有时也会在草莓上发生严重为害。

3.防治

烟粉虱的抗药性很强，与二斑叶螨、西花蓟马、蚜虫并列为世界最难防治的害虫。防治要点包括：①盖大棚膜前后需要把粉虱防治到位；②粉虱若虫在叶背为害，因此用药务必打透叶背，少留死角；③悬挂黄色粘虫板诱杀成虫是非常重要的措施；④释放丽蚜小蜂和斯氏钝绥螨防控粉虱是有效的手段，前者寄生于粉虱高龄若虫，后者捕食粉虱的卵和低龄若虫，综合防治的效果是最好的。

对粉虱有效的药剂主要有螺虫乙酯、呋虫胺、氟啶虫胺腈、溴氰虫酰胺等，此外吡虫啉、啶虫脒、高效氯氟氰菊酯等在抗药性不强的地区也有作用。

七、结语

草莓号称水果皇后，营养丰富，属于高档消费品，在中国主要以鲜食为主。但草莓属于连续开花结果的浆果，成熟后必须尽快采摘，否则极易腐败变质，货架期相应也极短，因此对于食品安全的要求极高。

由于冬季草莓主要在9月定植，11月中旬陆续开始采收，进入花果期后，气温下降，病虫害减少，但仍有灰霉病、白粉病、红蜘蛛、蓟马、蚜虫等主要病虫害，一旦在花果期出现以上病虫害，不得不进行化学防控，但草莓属于连续开花结果作物，始终有需要采收的果实，因此化学防控的安全间隔期比较难掌握。为了减少花果期病虫害的发生，关键的防治节点很重要，比如定植前期结合栽培措施，在劈叶后进行相应的病虫害预防，因为此时叶量少、用药易均匀、防效高，能减少后续用药的可能或次数，减少农药残留；另一个更重要的节点是显蕾期或盖大棚膜前后，此时气温下降，草莓又与外界相对隔离，在此阶段对整个花果期中可能发生的病虫害进行全面透彻的预防，通常间隔3～5天，连续预防2次，就能显著减少花果期病虫害发生的可能性，而且此时草莓通常刚刚显蕾，离采收还需30～45天，一般能达到农药的安全间隔期。

我国近些年来包括生物防治、物理防治等在内的无害化防控技术也得到较大发展，各种生物防治产品越来越多，对于生产绿色无公害的草莓有极为重要的意义。

（季洁）

附录 I  APPENDIX I
我种草莓的缘起与经验

一、农业缘

2004年大学毕业后，我进入一家农业企业，开始了我的农资销售工作，从此与农业结下了不解之缘。

从事农资销售的我经常奔走在田间地头，竟然发现原来很多的农民不会种地。当时作为一名农资销售人员的我，就开始想着如何去帮助更多的农民来提高作物产量、减轻病虫害、怎么实现低投入高产出。于是我开始大量查阅植保资料，开展大量田间试验，针对不同作物、不同病害拜访了多名农业专家，不断学习与总结，最终积累了丰富的农业技术服务知识，并且真正喜欢上了农业工作。

二、草莓缘

草莓种植服务只是农资销售工作的一部分，在给莓农服务的过程中，我了解到许多关于草莓种植、销售与市场的知识。工作中还发现大量的莓农在草莓生产种植中遇到的问题都不尽相同，很多莓农对种植草莓这件事仍然没有掌握得很好，尤其以北京草莓为主。草莓生产，一方面要种植好，

京黔农业草莓基地外景

另一方面要销售好。随着人们收入和生活消费水平的提高，草莓的市场需求量逐年增多，且终端销售价格不低。莓农种植草莓，只有解决好质量和产量问题，才能赢得销售市场。于是我开始种植草莓，成为一名莓农，京黔农业草莓基地便是由此而来。

草莓育苗基地

三、草莓种植经验分享

从2014年开始，至今已有4年的草莓种植经验。下面将我这几年的心得体会分享给大家：

1. 筛选品种

北京地区的主销草莓品种以红颜为主，其他品种根据自己销路情况酌情种植，避免市场不接受而产生滞销。就当下比较大众化的红颜来说，首先选择好种苗，这直接关乎后期的果品产量、质量及病害防治。

2. 培育优良种苗

目前大多农户都是购买商品苗进行生产种植，对种苗的品种和质量多数都不知晓，只是听取育苗商家的一面之词，所以建议有条件的莓农尽量自己选育优质种苗，或选择有一定规模、经营正规的商家提供种苗，可以保障种苗的质量。良好的种苗是草莓栽植及收获的必要基础。

3. 南苗北种

选择南方地区尤其是西南地区培育出的种苗。西南地区气温回升较北方早，种苗相对也会早种一段时间，苗龄长，花芽分化早，有助于提前上市。上市早就意味着价格高，收入高，这点尤为重要。种苗选择的另一个重要原因就是种苗的成活率。病害尤其是炭疽病是目前草莓死苗率最高的一种病害，只要病发几乎颗粒无收。炭疽病又是育苗期间极易发生的一种病害，尤其是北方7—8月的高温高湿季节很容易诱发炭疽病，生产苗带菌几乎是草莓栽植中的"癌症"，目前还没有好的治疗办法，只能依靠育苗过程中对病害的有效预防。贵州高海拔地区的部分区域，夏天最高气温不超过28℃，恰好避开了北方夏季高温高湿的恶劣天气。通过2016—2017年的贵州育苗北京种植试验，发现南苗北种的方式对炭疽病的预防效果很好，优势体现在上市早、产量高、炭疽病发病率低，弊端是夏季阴雨天多，易带灰霉病和白粉病。不过，目前治疗灰霉病和白粉病的药物较多，比较容易防治，因此这种方式仍然可行。

4. 病虫害防控

生产管理中的病虫害防控应以预防为主，尤其北方地区草莓易发的白粉病、蓟马、红蜘蛛、蚜虫等应定期预防，不要等到出现病虫害才开始用药治疗。

5. 壮苗不旺长

苗期应注意控苗，合理使用一些控旺长药剂，尤其应注意氮肥的合理施用，以做到壮苗不旺长为宜。原因在于：营养生长过旺会推迟生殖生长，也就是推迟开花坐果的时间，进而导致草莓上市晚且产量产值低。

6. 重视经营管理

近几年草莓市场发展迅猛，一些规模化的基地犹如雨后春笋，但是大部分的基地陷入有规模无效益的困境，反而是小规模个体户的种植效益比较理想。其中的原因都是出在了生产环节，质量和产量上不去。根据几年的总结，本人针对规模种植总结出了一套有效的生产管理方案，就是员工股东化，将责任和利益落实到个人，将员工的收入与公司的效益直接挂钩，分片承包，公司投入资金，员工投入生产劳动力，统一技术管理和销售，运用这样的方式员工会比较有责任心，充分调动工人的积极性，为公司带来效益的同时也在为工人自己带来效益，这样就形成了一个高效运营的模式，可减少许多不必要的损耗，从而扭转大型基地有规模无效益的局面。

7. 构建有效而畅通的销售渠道

草莓上市之前公司提前联系好下游客户，打通下游渠道，解决散户有生产无销售的弊端。原本是坐等客户上门变为建立自己的销售渠道，舍去中间环节直接供货到终端超市，甚至建立自有的直营店，变被动为主动，做到出多少销多少，避免上市过快供过于求，出现压果情况，导致熟过而影响质量，形成良性的种植销售循环。

四、结语

目前莓农多数以社会的弱势群体为主，文化程度低，好的种植技术和农资产品难以得到有效实施和推广，导致整个行业的提升和发展比较缓慢，为此，我们成立了北京京黔农业科技有限公司，并将公司定位为草莓种植技术专业服务商、草莓农资专业供应商和优质草莓供应商。旨在构建涵盖育苗、农资供应、种植技术服务和草莓回收的全产业链格局，架起草莓生产与市场销售对接的桥梁，为草莓产业良性发展贡献一份力量。

（梅成）

附录II  APPENDIX II
和田沙漠草莓基质栽培

沙漠草莓基质栽培主要为解决西部荒漠化地区草莓种植效果不佳的问题，一方面提升当地农户种植收益，另一方面满足当地居民的草莓消费需求。沙漠草莓基质栽培的技术核心是：椰糠有机生态型无土栽培。该技术来源于中国农业科学院蔬菜花卉所蒋卫杰、刘伟等研究员提出的"有机生态型无土栽培技术"。

一、沙田农业及草莓生产

沙田农业公司全称为新疆沙田农业综合开发有限公司，为北京易农农业科技有限公司的新疆分公司。北京易农于2015年开始承接北京科技援疆项目"沙漠改土培肥"，探索基于标准化有机无土栽培技术的"改土培肥"种植模式和"全托管"模式下的模块化标准管理技术体系。2017年开始，新疆沙田公司承接了来自北京市农林科学院草莓专家张运涛研究员在和田的"国家农业科技园区先导区草莓示范种植"项目。在张锐教授和张运涛教授的指导下，结合我们探索多年的标准化有机无土栽培技术，在地处塔克拉玛干沙漠南麓的和田沙漠地区实现了草莓的高产高效种植。

张锐教授指导草莓苗定植

张运涛教授现场指导后赠送书籍

二、草莓品种

2019年草莓品种由张运涛教授选择并提供，主要包括：京藏香、京泉香、京桃香、桃熏、白雪公主、粉红公主、章姬、红颜等。其中桃熏品种果大，口感特殊，可以作为特色品种种植；京香系列抗病性强，产量高；日系的章姬和红颜口感比较适合大众消费。

产品展示

桃 熏

三、种植方式

种植方式为控根容器槽式栽培，并采用肥料分层的方法。

原料的来源：有可溶性盐含量低的干净沙子（沙漠地区就地取沙）、便于运输的压块椰砖（我公司印度分公司所产）、本地充分发酵腐熟的牛羊粪及含EM菌剂的多种复合菌种。将这些原料配制成适合草莓种植的"土壤"。

原料的放置：在种植槽的下部放沙子、有机肥和少量椰糠，在种植槽的上部放椰糠和少量有机肥。种植槽的上部高10厘米，下部高20厘米。上部区域的基质可溶性盐含量低，可为草莓提供很好的生根缓苗条件，下部区域基质中的肥料充足，可为后续草莓高产高效打下基础。

安装栽培槽

生产前泡发椰糠

草莓采收

草莓开始挂果

四、基质栽培草莓灌溉用水水质的处理

沙漠地区地下水盐碱化比较严重，需要对灌溉用水进行净化处理。为解决水质pH偏高的问题，采用反渗透膜净水器。为此，我们采购了净水装置，为10个日光温室统一供水。经过反渗透膜净化后，温室可用水的可溶性盐含量由最初的2.6降至0.1左右。反渗透膜技术无法人为调整净化程度，存在过度净化的问题，但基本上解决了本地水源盐碱化导致的草莓无法种植的问题。针对水质过度净化的问题，也可采用净化水和源水适当掺混的方法，控制水可溶性盐含量调至可用水平即可，这样可在确定处理水可用的前提下大幅降低净水的成本。

五、果品特征

和田地区昼夜温差大，光照强，极少有雾霾天气。在有机无土栽培技术的支持下，草莓几乎没有缓苗，便直接开始生长。由于草莓苗已经经过蓄冷处理，打过一次叶子以后开始挂果，果实糖酸比很好，口感非常优秀。

六、草莓栽培的产投情况

沙漠非耕地区域草莓种植规模较小，受土壤偏碱性、水质可溶性盐含量超标等因素的限制，这些地区的草莓高产高效种植一直未得到有效的解决。通过探索，在成本未大幅提升的基础上，以每个温室约1.5万元进行了"改土培肥"和10个温室配套1台价值26万元净水器的投入额度，实现了草莓亩产超过1 500千克，收入超过5万元。一方面实现了种植投资回报，另一方面解决了当地草莓供给不足的问题。

七、结语

沙漠草莓栽培是"椰糠有机生态型无土栽培技术"的一个应用。虽然针对西部沙漠、荒漠地区设计，但生产管理流程基本适用于所有地区的草莓标准化种植。在解决该区水体可溶性盐含量高的生产瓶颈后，凭借当地独特的地理气候条件可生产出具有特有风味和口感的草莓浆果，兼顾农民致富和草莓市场供应。椰糠有机生态型无土栽培技术因其改造成本低、种植效果好、管理标准化、产投比可控，具有非常广阔的应用前景。

（董瑞芳）

附录 III |  APPENDIX III
草莓的高效销售

一、草莓销售现状

我国草莓销售市场的发展仍有很大的提升空间。一方面，草莓种植目前主要以农户独立经营为主，种植的草莓品种较多，单品种的种植面积较小且呈碎片状分布，缺乏规范化管理和标准化生产，销售亦没有量化标准，大多数农户的产销模式处于自产自销的阶段，与市场对接不畅。另外，在信息来源、技术措施和市场销售等方面脱节，大部分种植户对品种的选择较为随意，易随大流，种植利润往往在销售环节被摊薄。另一方面，分散经营是种植业规模化的首要制约因素。目前我国农业仍是以农户独立经营为主，在农产品不断走向专业化、标准化、销售规范化、无公害化（无农药、无化肥、不催熟）的时代要求下，小面积农户生产很难进行规模化种植、集约化管理、标准化生产。没有标准化的生产，则很难生产出内在品质和外观形态一致的商品化农产品，也就实现不了优质优价，更达不到农民增产增收的目的。

二、提升草莓销售效率的途径

1.生产的规模化、专业化与标准化

（1）帮助农户组建土地合作社，从根本上改变目前一家一户的分散经营模式，推进专业化生产、规模化种植和规范化管理，提高土地产出率和效益，实现销售商品化，使农户在生产、加工、流通等环节增加收益。

（2）大力帮助规范化种植专业大户。按照"生产有规模、种植标准化、产品品牌化、销售商品化、设施有配套、管理有制度"的方向，通过扶持和培育一批有能力的种植能手，使其成为有一定规模的专业大户，加强对规范化种植专业大户的指导和服务，提高其管理水平和市场竞争力。

以上两点是实现规模化种植较为合理的路径。规模化种植一方面是通

过大面积流转土地做平面扩容，另一方面是将在原有的土地上升级立体的设施农业和流转相结合。需要特别提醒的是：规模化种植不是盲目的规模化，对应的是渠道通路畅通和品质符合购买需求。规模化种植是建立在以发展品牌农业的前提下实现的一个过程或阶段，只有这样才具备市场竞争优势。

2.优化种植技术，生产高品质草莓

长期以来，大量无序使用化肥和农药的管理方法，使得耕地地力下降，极大地影响了农产品的品质。在这样的土地上种植高产、高品质的农产品非常困难，随之而来的便是低品质农产品的滞销。

随着近两年供给侧改革的发展，人们生活水平的提高，消费者对"安全且美味的食品"需求越来越高。"消费升级"一词的提出加速了消费者追求高品质商品的进程。高品质果菜和粮食越来越受到追捧。品质提升后，优品优价更容易实现，随之而来的是渠道商的追捧和销售周期的缩短。

产品的品质在消费者眼中等于安全、放心、好吃，在销售环节等于标准化、销售循环快等，说到这些就离不开种植技术。要想从根本上解决农产品的品质问题，需要从测土配方施肥、改良土壤、增加生物菌肥投入等多个方面着手，从源头保障农产品的健康优质生产。

产品品质是生存之道，没有品质的产品没有出路。品质优质是决定销售渠道是否通畅的必要前提。近期，"餐桌国际化"成为一个热门话题，智利的车厘子、加拿大的北极虾、西班牙的橄榄油等都在冲击着国内食品市场。除了惊叹国内巨大的消费能力之外，也让我们开始思考如何提升农产品的品质。

要产出市场需求的高品质草莓，就必须从施肥、光温控制、水肥管理、剪枝疏花和病虫害防治等方面综合管控。近些年来，大棚草莓迅速发展，商品质量的竞争越来越激烈。由于优质大果草莓备受流通渠道和消费者的青睐，价格也比一般草莓高一倍以上。草莓作为周期短、投资小、见效快的产品，能在短期内获得可观收益。但必须注意到，只有严格把控种植环节的质量，才能产出高品质的草莓，实现优质高价和高效销售。

3.重视产品包装，拓宽销售渠道

（1）好的产品包装　随着互联网的快速发展，在这个看"脸"的时代，单靠产品的品质去赢得消费者和跑赢市场显然是不够的，还需要重视符合消费者性格的包装形式。包装是连接生产者与消费者的第一道门槛，也有

助于提升产品的档次,增加产品的种植收益。

(2)多元化的销售渠道 如今销售渠道不止有我们看到的商场超市、批发市场等这些传统渠道,还有直播、微商和电商平台等现代渠道。瑞兴隆集团通过上述方法实现草莓销售几十万吨。

三、结语

草莓因其美丽的外观和独特的风味,一直以来备受消费者的青睐。通过对影响草莓销售要素的分析认为,规模化经营、高品质生产和全渠道销售是实现草莓高效销售和提升草莓种植效益的重要路径。

(杨清桦)

图书在版编目（CIP）数据

草莓轻简高效栽培：彩图版/邹国元等编著. —北京：中国农业出版社，2020.8（2022.1重印）
（设施农业与轻简高效系列丛书）
ISBN 978-7-109-26876-0

Ⅰ.①草…　Ⅱ.①邹…　Ⅲ.①草莓—果树园艺—手册　Ⅳ.①S668.4-62

中国版本图书馆CIP数据核字（2020）第089184号

草莓轻简高效栽培（彩图版）
CAOMEI QINGJIAN GAOXIAO ZAIPEI (CAITUBAN)

中国农业出版社出版
地址：北京市朝阳区麦子店街18号楼
邮编：100125
责任编辑：魏兆猛　　文字编辑：齐向丽
版式设计：王　晨　　责任校对：沙凯霖
印刷：北京缤索印刷有限公司
版次：2020年8月第1版
印次：2022年1月北京第2次印刷
发行：新华书店北京发行所
开本：700mm×1000mm　1/16
印张：12.75
字数：225千字
定价：88.00元